KB198282

⏱ **3초 만에 답이 나오는 19단 곱셈 훈련서**

바빠
연산법
시리즈

징검다리 교육연구소, 이상숙 지음

바쁜 초등학생을 위한 빠른 19단

초등학생을 위한

17×12

16×18

13×15

마법처럼
6일이면
끝난다!

비법

이지스에듀

지은이 | 징검다리 교육연구소, 이상숙

징검다리 교육연구소는 바쁜 친구들을 위한 빠른 학습법을 연구하는 이지스에듀의 공부 연구소입니다. 아이들이 기계적으로 공부하지 않도록, 두뇌가 활성화되는 과학적 학습 설계가 적용된 책을 만듭니다.

이상숙 선생님은 초등 수학 교재를 개발해 온 23년 차 기획 편집자이자 목동에서 아이들을 가르치고 있는 수학 선생님입니다. 대표적인 학습 도서로는 《7살 첫 수학: 동전과 지폐 세기》, 《7살 첫 수학: 길이와 무게 재기》, 《바쁜 3, 4학년을 위한 빠른 소수》가 있으며, 자녀 교육 지도서로는 《내 아이 수학 약점을 찾아라》 등이 있습니다. 현재는 회원 수 17만 명의 네이버 [초등맘 카페]에서 수학 교육 자문 위원으로 활동하고 있습니다. 유튜브 [목동진주언니]에서 학부모님을 위한 다양한 수학 콘텐츠를 제공하며 활발히 소통 중입니다. 삼성출판사, 동아출판사, 천재교육 등에서 초등 수학을 대표하는 브랜드 교재들의 개발에 참여하기도 했습니다.

바쁜 친구들이 즐거워지는 빠른 학습법 — '바빠' 시리즈
바쁜 초등학생을 위한 빠른 19단

초판 인쇄 2025년 3월 10일
초판 발행 2025년 3월 10일
지은이 징검다리 교육연구소, 이상숙
발행인 이지연
펴낸곳 이지스퍼블리싱(주)
출판사 등록번호 제31-2010-123호
주소 서울시 마포구 잔다리로 109 이지스 빌딩 5층(우편번호 04003)
대표전화 02-325-1722   팩스 02-326-1723
이지스퍼블리싱 홈페이지 www.easyspub.com   이지스에듀 카페 www.easysedu.co.kr
바빠 아지트 블로그 blog.naver.com/easyspub   인스타그램 @easys_edu
페이스북 www.facebook.com/easyspub2014   이메일 service@easyspub.co.kr

기획 및 책임 편집 박지연, 김현주, 정지희, 정지연, 이지혜   교정 교열 방지현   원고 감수 대치동설티 김설훈
표지 및 내지 디자인 김세리, 김용남, 정우영   전산편집 이츠북스   인쇄 보광문화사
영업 및 문의 이주동, 김요한(support@easyspub.co.kr)   마케팅 라혜주   독자 지원 박애림, 김수경

ISBN 979-11-6303-675-3 64410
ISBN 979-11-6303-253-3(세트)
가격 12,000원

• 이지스에듀는 이지스퍼블리싱(주)의 교육 브랜드입니다.
  (이지스에듀는 학생들을 탈락시키지 않고 모두 목적지까지 데려가는 책을 만듭니다!)

19단 곱셈, 외우지 마세요!

 19단 곱셈, 빠른 셈으로 풀어요!

19단을 외우면 정말 수학을 잘하나요?

외우고 외워도 자꾸 잊어버려요.

구구단 외우기도 벅차요.

구구단을 외우면 곱셈이 빨라지는 것처럼 19단도 외우면 좋을까요? 곱셈의 첫걸음인 구구단은 초등 수학 2학년 2학기 '곱셈구구' 단원에 나오는 기초 연산으로 완벽하게 암기하는 것이 목표입니다. 하지만 19단 곱셈부터는 두 자리 수의 곱으로 배웁니다. 교육 과정에서도 19단을 외우라고 하지는 않죠. 19단을 억지로 외우면 무조건적인 암기로 인해 아이들이 지루함을 느끼고 더 나아가 수학에 대한 흥미를 잃을 수 있습니다.

물론 19단을 빠르게 암산할 수 있다면 고학년 수학 공부가 매우 수월해집니다. 그런데 시중의 19단 곱셈 교재는 19단을 무작정 암기하게 하거나 요령만 알려주고 기계적으로 외워 푸는 경우가 대부분입니다. 이 방법은 일시적으로는 효과가 있는 것처럼 보일 수 있지만 잊어버리기 쉽고, 자칫 연산 오개념을 심어줄 수 있습니다.

 19단 곱셈 답이 저절로 나오는 방법, 시작은 이렇게 해요!

'바빠 19단'에서는 곱셈을 직사각형의 넓이로 구하는 방식으로 시작합니다. 그림을 이용하면 19단 곱셈을 '간단한 두 개의 곱의 합'으로 나타낼 수 있습니다. 최종 목표는 빠른 셈이지만 그 비법의 이유를 알고 푸는 것과 모르고 푸는 것은 다릅니다! 구구단을 원리로 다진 후 외우듯이 19단도 빠른 셈을 위한 원리부터 이해해야 응용력과 사고력이 길러집니다.

와~ 19단 빠른 셈의 원리, 알고 보니 신기해요!

원리 이해부터 '3초 계산법'까지 단계적으로 연습해요!

이 책은 비법의 시작인 원리 이해 단계부터 빠른 셈을 위해 조금씩 수준을 높여 도전하는 바빠의 '작은 발걸음 방식(small step)'으로 학습 효율을 높였습니다. 처음에는 19단 곱셈을 '간단한 두 개의 곱의 합'으로 나타내는 연습을 합니다. 그리고 서서히 한 과정씩 생략하면서 암산에 도전해 볼 수 있습니다. 최종적으로 19단 곱셈을 3초 만에 풀 수 있는 '3초 계산법'을 완성해 보세요!

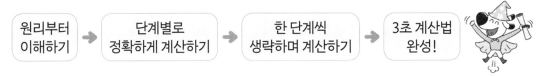

 ## 19단 곱셈법의 원리를 확장해 99단까지 풀 수 있어요!

이 책은 19단 곱셈의 '3초 계산법'을 완성하고 나아가 '십의 자리 수가 같고, 일의 자리 수의 합이 10인 경우'의 99단 곱셈까지 풀도록 구성했습니다. 99단 곱셈도 빠른 셈의 비법 원리가 같습니다. 99단 곱셈까지 도전해 보세요!

 ## '3초 곱셈 통과 문제', 풀 수 있다면 비법 전수 끝!

19단과 99단 곱셈을 완성한 후 스스로 점검할 수 있는 통과 문제를 구성했습니다. 식을 보고 암산으로 답을 바로 말해도 좋고, 앞에서 연습한 방법인 간단한 식으로 바꾸어 풀어도 좋아요. 비법을 써먹으면서 누구보다도 빠른 셈으로 마무리해 보세요!

'바빠 19단'은
'바빠 구구단'은 필수!
'3, 4학년 연산법'은 먼저
풀거나 같이 풀면 좋아요.

*19단은 곱셈을 끝낸 3학년~고학년 친구들이 배우는 것을 권장합니다.

19단 곱셈을 정말 3초 만에 풀 수 있나요?

17×19=?

두 자리 수의 곱셈
방법으로 풀면
조금 느린 것 같아!

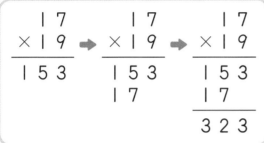

7×9는? 63! 구구단은 답을 바로 말할 수 있는데 17×19와 같은 19단 곱셈은 답을 바로 말하기 힘들어요.
'두 자리 수의 곱셈'은 곱하는 수를 일의 자리 수와 십의 자리 수로 각각 계산한 다음 더해야 해요. 계산 과정이 조금 복잡하죠?

위의 곱셈 풀이 방법도 물론 중요하지만 연산 속도와 정확성을 높이려면 좀 더 쉬운 방법이 필요해요. 그렇다면 19단 곱셈을 더 쉽고 빠르게 계산하는 방법이 있을까요?

'바빠'와 함께라면 19단을 달달 외우지 않아도 돼요. 빠른 셈의 원리와 이유를 알면 쉽고 재미있게 풀 수 있어요. 계산 과정이 간단해지면 실수도 줄고, 계산이 빨라져요!

와~ 3초?
정말 빨리
계산하네!

일상생활 속에서 구구단과 더불어 가장 많이 활용할 수 있는 곱셈인 19단을 빠르게 할 수 있다면 정말 편할 거예요.
마법 같은 19단 곱셈 비법을 이제 배우러 가 볼까요?

 **4단계 훈련법** **'19단 3초 계산, 이렇게 완성돼요!'**

1단계 도형 그림으로 19단 곱셈법 원리부터 이해해요!

'비법의 시작'에서는 그림을 보면서 19단 곱셈법의 원리를 배울 거예요. 19단 곱셈을 보고 원리 그림을 떠올릴 수 있도록 직접 그려 보면서 연습해 봐요!

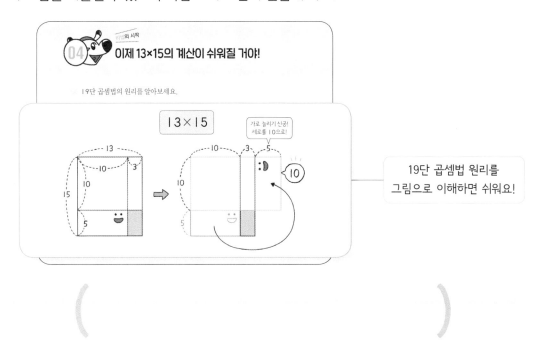

19단 곱셈법 원리를 그림으로 이해하면 쉬워요!

2단계 19단 곱셈을 계산이 쉬운 식으로 바꾸어 풀어요!

앞에서 배운 비법을 써먹어 19단 곱셈을 '간단한 두 개의 곱의 합'으로 바꾸어 푸는 연습을 할 거예요. 계산 과정을 정확하게 쓰면서 집중 훈련해 봐요!

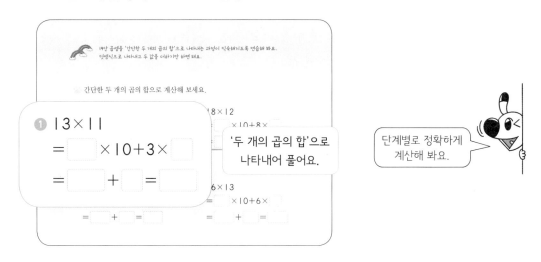

단계별로 정확하게 계산해 봐요.

3단계 풀이 과정을 한 단계씩 생략하며 계산해요!

계산 과정을 암산으로 줄여 속도를 높여 볼 거예요. 19단 곱셈을 덧셈식으로 한 번에 나타내는 연습을 하면 계산이 빨라져요!

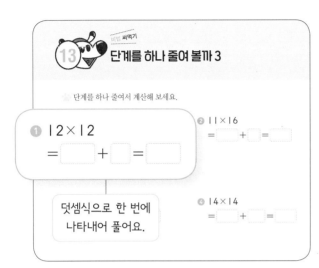

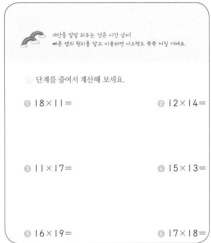

4단계 '3초 계산법'으로 비법을 완성해요!

최종 단계인 3초 만에 답이 나오는 '3초 계산법'으로 마무리해 보세요. 이 단계까지 완성하면 19단 곱셈을 누구보다도 빨리 풀 수 있을 거예요!

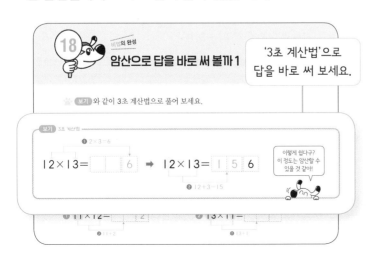

 **차 례**

넷째 마당

99단 곱셈까지 원리 확장하기

권장 진도표

♡	10일 완성	6일 완성
☐ 1일차	01~03과	01~07과
☐ 2일차	04~07과	08~13과
☐ 3일차	08~10과	14~17과
☐ 4일차	11~13과	18~26과
☐ 5일차	14~17과	27~33과
☐ 6일차	18~21과	34~38과
☐ 7일차	22~26과	
☐ 8일차	27~31과	
☐ 9일차	32~35과	
☐ 10일차	36~38과	

다 푼 후
'3초 곱셈 통과 문제'로
점검하고 끝내요!

야호!
19단 끝!

*가볍게 공부할 때는 하루에 1~2과씩 풀어 보세요!

9

첫째
마당

도형 그림으로
19단 기초 다지기

오늘 공부한
단계를 색칠해
보세요!

01

02

03

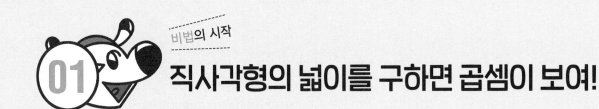
🐾 곱셈식을 직사각형의 넓이로 알아보세요.

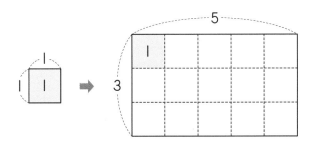

⭐ 직사각형에 [1] 가 가로에 5개, 세로에 3개가 있으므로 모두 $\boxed{15}$ 개입니다.

➡ 직사각형의 넓이: $5 \times 3 =$ ◻

> (직사각형의 넓이)＝(가로)×(세로)

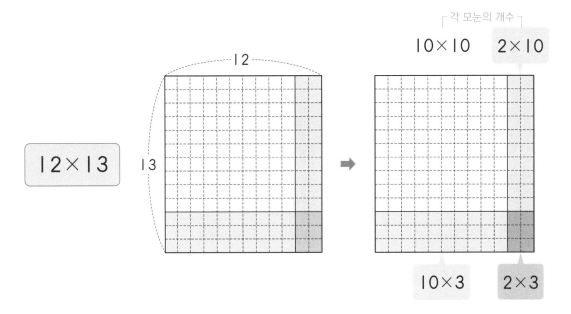

⭐ 12×13은 $10 \times 10 + 2 \times \boxed{10} + 10 \times 3 + 2 \times$ ◻ 을 계산한 값과 같습니다.

📜 전략노트 직사각형의 넓이는 $\boxed{곱셈}$ 으로 구한다. 곱셈에 넓이를 이용하자!

앞으로 배울 19단 곱셈법에서는 직사각형의 넓이를 이용할 거예요.
먼저 19단 곱셈을 그림으로 이해해 봐요.

🐾 그림을 보고 ☐ 안에 알맞은 수를 써넣으세요.

❶ 14×15

10×10   4×☐

네 부분을 더하면
14×15의 값을
구할 수 있어요!

10×☐   ☐×5

❷ 17×13

10×☐   ☐×10

19단 곱셈을
그림으로 나타내면
이해가 쉬울 거예요.

10×☐   7×☐

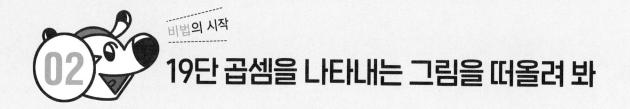

02 19단 곱셈을 나타내는 그림을 떠올려 봐

🐾 세로가 10이고 가로가 늘어난 직사각형을 만들었습니다. ☐ 안에 알맞은 수를 써넣으세요.

❶ 12×11

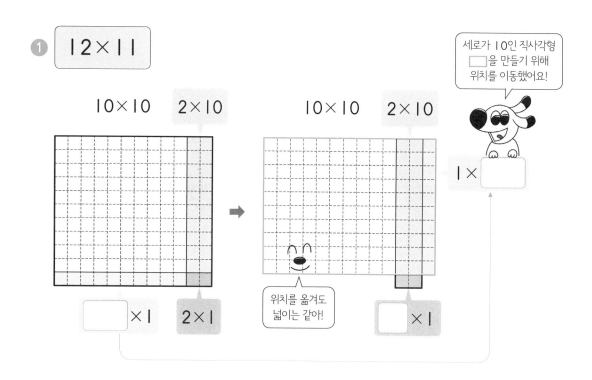

세로가 10인 직사각형 ☐을 만들기 위해 위치를 이동했어요!

10×10 2×10 10×10 2×10

$1 \times$ ☐

☐ $\times 1$ 2×1

위치를 옮겨도 넓이는 같아!

☐ $\times 1$

❷ 14×12

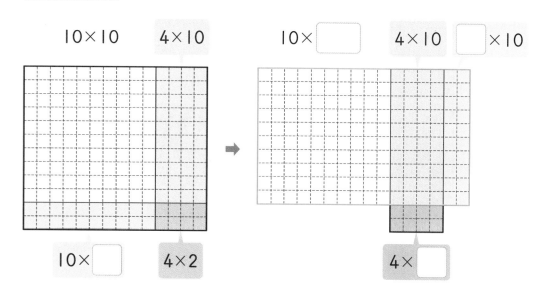

10×10 4×10 $10 \times$ ☐ 4×10 ☐ $\times 10$

$10 \times$ ☐ 4×2 $4 \times$ ☐

14

세로가 10이고 가로가 늘어난 직사각형을 만들었습니다. ☐ 안에 알맞은 수를 써넣으세요.

1 11×13

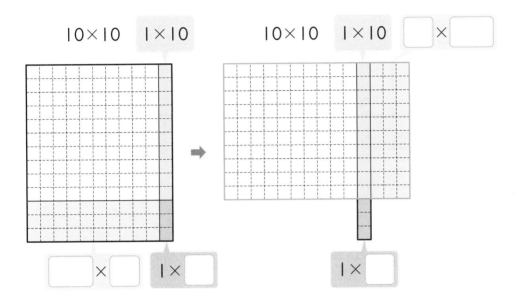

10×10 1×10   10×10 1×10 ☐ × ☐

☐ × ☐   1× ☐   1× ☐

2 15×11

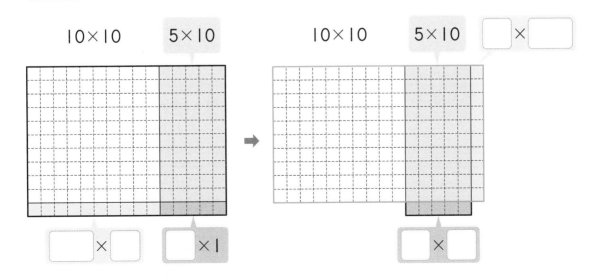

10×10   5×10   10×10   5×10   ☐ × ☐

☐ × ☐   ☐ ×1   ☐ × ☐

15

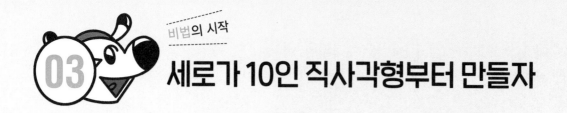

세로가 10인 직사각형부터 만들자

🐾 16×13을 나타내는 그림이 있습니다. 세로가 10이고 가로가 늘어난 직사각형을 만들어 보세요.

$$16 \times 13$$

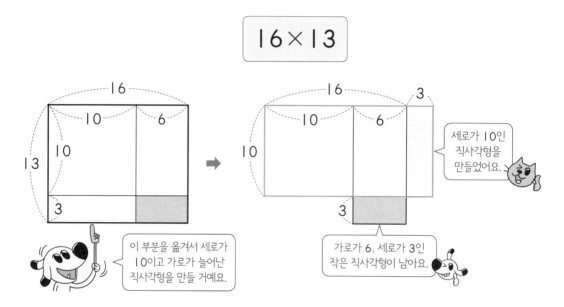

세로가 10인 직사각형을 만들었어요.

가로가 6, 세로가 3인 작은 직사각형이 남아요.

이 부분을 옮겨서 세로가 10이고 가로가 늘어난 직사각형을 만들 거예요.

⭐ 16×13의 그림에서 10×3의 부분을 이동하여 세로가 10인 직사각형 ☐을 만들었습니다.

⭐ 직사각형 ☐의 가로는 16에서 3 만큼 늘어난 ☐가 됩니다.

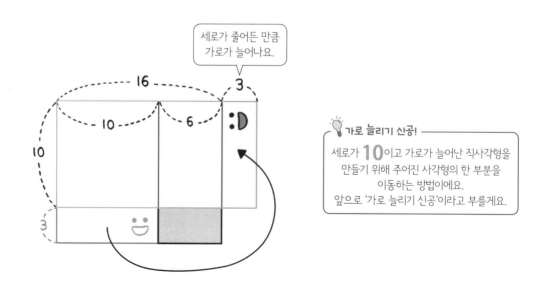

세로가 줄어든 만큼 가로가 늘어나요.

💡 가로 늘리기 신공!
세로가 **10**이고 가로가 늘어난 직사각형을 만들기 위해 주어진 사각형의 한 부분을 이동하는 방법이에요.
앞으로 '가로 늘리기 신공'이라고 부를게요.

🐾 세로가 10이고 가로가 늘어난 직사각형을 만들었습니다. ☐ 안에 알맞은 수를 써넣으세요.

1 12×14

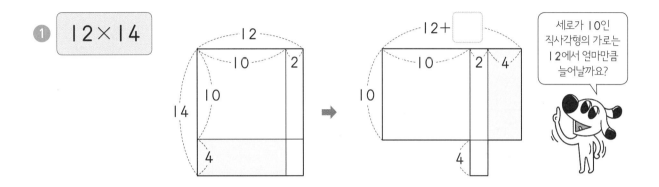

세로가 10인 직사각형의 가로는 12에서 얼마만큼 늘어날까요?

2 15×18

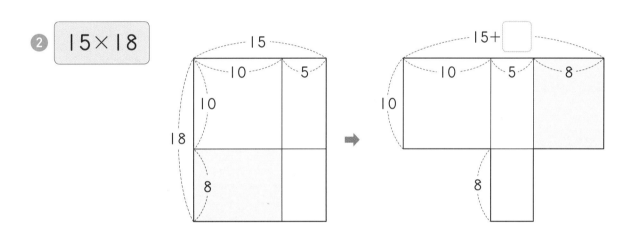

3 14×17

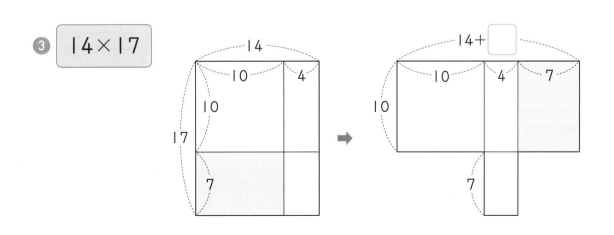

17

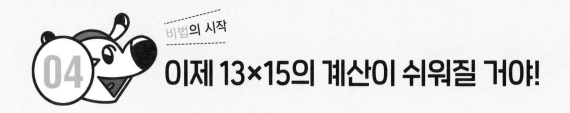

04 비법의 시작
이제 13×15의 계산이 쉬워질 거야!

🐾 19단 곱셈법의 원리를 알아보세요.

$$13 \times 15$$

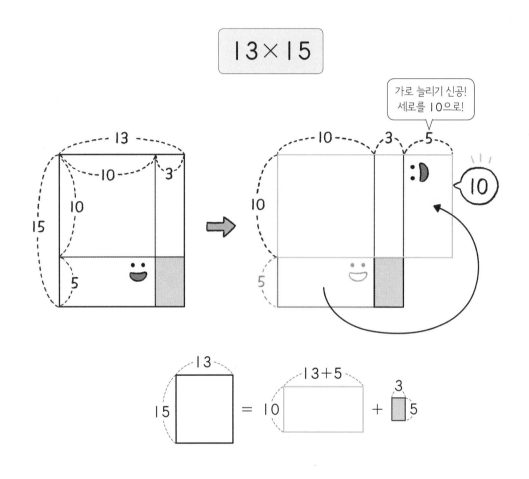

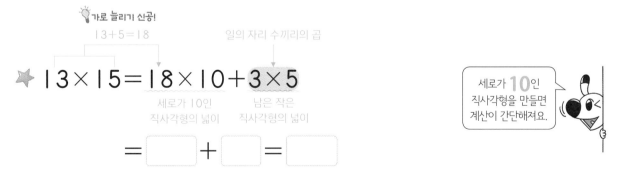

✦ $13 \times 15 = 18 \times 10 + 3 \times 5$

가로 늘리기 신공!
$13+5=18$

일의 자리 수끼리의 곱

세로가 10인
직사각형의 넓이

남은 작은
직사각형의 넓이

세로가 **10**인
직사각형을 만들면
계산이 간단해져요.

$$= \boxed{} + \boxed{} = \boxed{}$$

📜 **전략 노트** 세로가 $\boxed{10}$ 인 직사각형을 만들면 19단 곱셈 계산이 쉬워져!

그림을 이용하면 19단 곱셈을 계산이 쉬운 '간단한 두 개의 곱의 합'으로 나타낼 수 있어요.

🐾 19단 곱셈법의 원리를 이용하여 계산해 보세요.

1 16×12

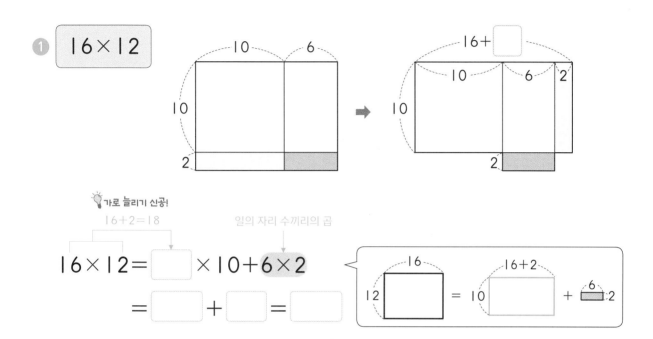

💡 가로 늘리기 신공!

16+2=18

일의 자리 수끼리의 곱

$$16 \times 12 = \boxed{} \times 10 + 6 \times 2$$

$$= \boxed{} + \boxed{} = \boxed{}$$

2 17×14

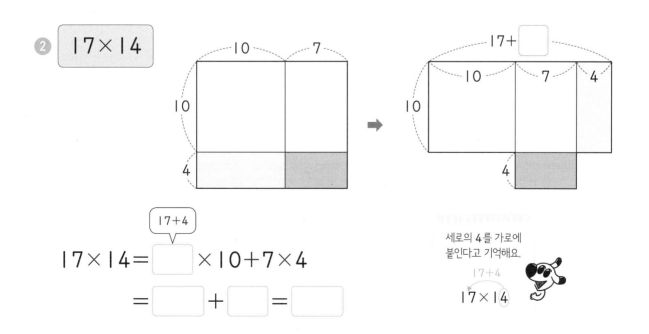

17+4

$$17 \times 14 = \boxed{} \times 10 + 7 \times 4$$

$$= \boxed{} + \boxed{} = \boxed{}$$

세로의 4를 가로에 붙인다고 기억해요.

17+4

17×14

세로를 10으로 만들기만 하면 쉬워

🐾 19단 곱셈법의 원리를 이용하여 계산해 보세요.

1 | 14×13 |

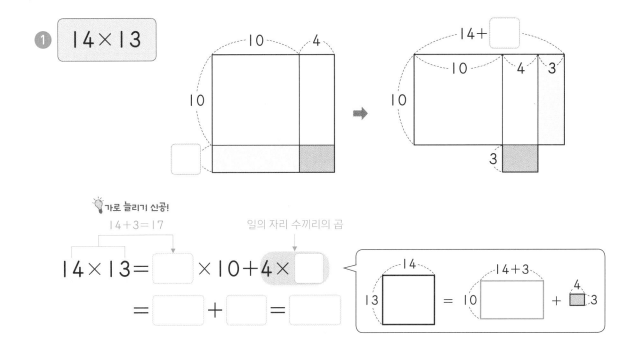

💡 가로 늘리기 신공!

14+3=17

일의 자리 수끼리의 곱

$$14×13= \boxed{} ×10+4× \boxed{}$$

$$= \boxed{} + \boxed{} = \boxed{}$$

2 | 15×17 |

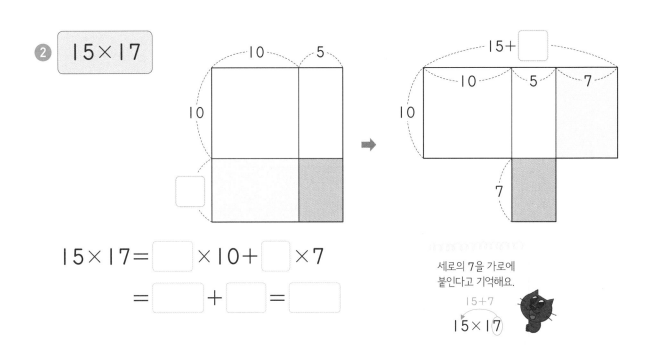

$$15×17= \boxed{} ×10+ \boxed{} ×7$$

$$= \boxed{} + \boxed{} = \boxed{}$$

세로의 7을 가로에
붙인다고 기억해요.

15+7

15×17

빠른 셈으로 가기 위한 준비 단계예요.
원리를 알고 이용하는 것과 모르고 식만 외우는 것은 하늘과 땅 차이!

🐾 19단 곱셈법의 원리를 이용하여 계산해 보세요.

1 $\boxed{12 \times 18}$

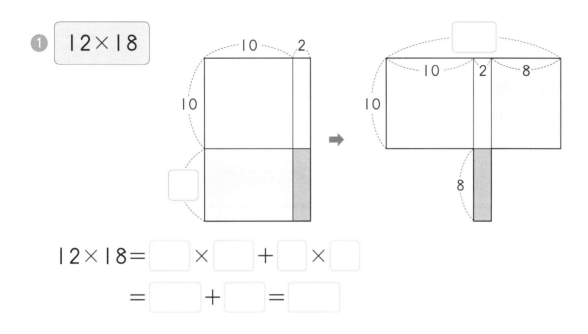

$12 \times 18 = \boxed{} \times \boxed{} + \boxed{} \times \boxed{}$

$= \boxed{} + \boxed{} = \boxed{}$

2 $\boxed{13 \times 16}$

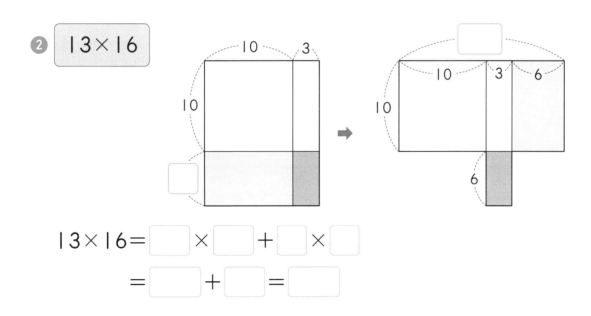

$13 \times 16 = \boxed{} \times \boxed{} + \boxed{} \times \boxed{}$

$= \boxed{} + \boxed{} = \boxed{}$

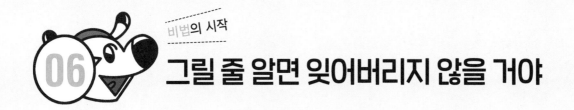

비법의 시작

06 그릴 줄 알면 잊어버리지 않을 거야

🐾 색칠된 직사각형을 이동해 그려서 19단 곱셈법의 원리 그림을 완성하고 계산해 보세요.

① 11×16

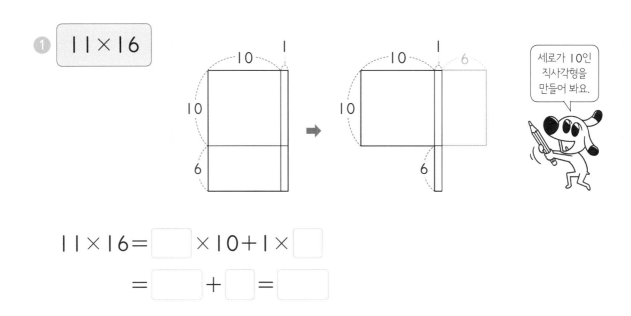

세로가 10인 직사각형을 만들어 봐요.

$11 \times 16 = \boxed{} \times 10 + 1 \times \boxed{}$

$= \boxed{} + \boxed{} = \boxed{}$

② 18×13

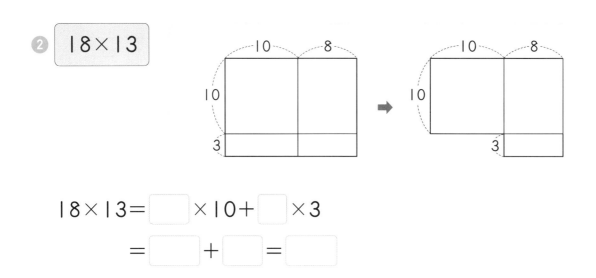

$18 \times 13 = \boxed{} \times 10 + \boxed{} \times 3$

$= \boxed{} + \boxed{} = \boxed{}$

'세로가 10이고 가로가 늘어난 직사각형'이 되도록
색칠된 직사각형을 직접 옮겨 그려 봐요.

🐾 색칠된 직사각형을 이동해 그려서 19단 곱셈법의 원리 그림을 완성하고 계산해
보세요.

1 14×19

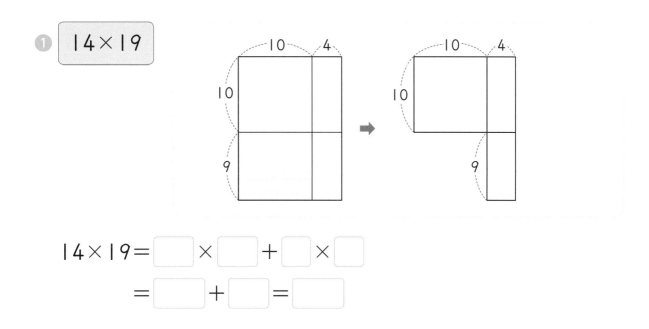

14×19=☐×☐+☐×☐

＝☐＋☐＝☐

원리 그림을 모두 그려 봐요!

2 17×12

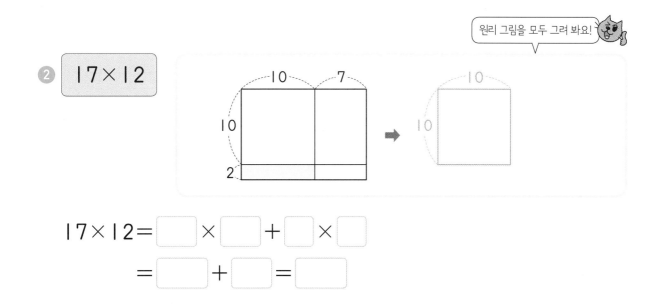

17×12=☐×☐+☐×☐

＝☐＋☐＝☐

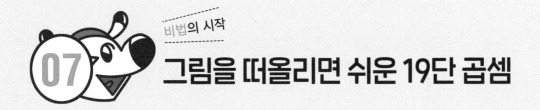

비법의 시작

07 그림을 떠올리면 쉬운 19단 곱셈

🐾 같은 곱셈을 나타내는 것끼리 선으로 잇고 답을 구해 보세요.

15×17

16×15

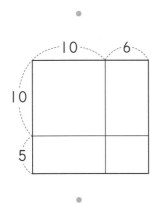

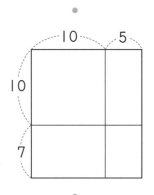

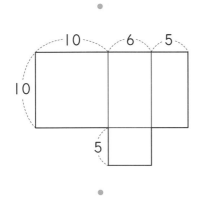

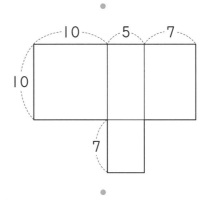

$22 \times 10 + 5 \times 7 = \boxed{}$

$21 \times 10 + 6 \times 5 = \boxed{}$

24

🐾 같은 곱셈을 나타내는 것끼리 선으로 잇고 답을 구해 보세요.

17×18

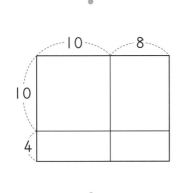

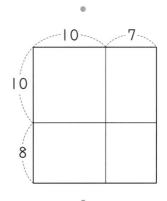

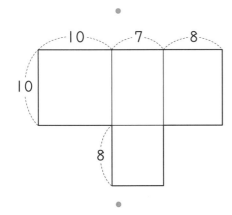

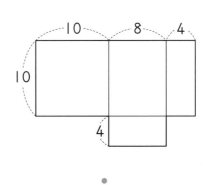

25×10+7×8= ☐   22×10+8×4= ☐

둘째
마당

계산이 쉽게
식을 바꾸어 구하기

08

09

10

11

12

08 간단한 두 개의 곱의 합으로 구하면 쉬워 1

🐾 간단한 두 개의 곱의 합으로 계산해 보세요.

❶ 12×13

12+3

그림을 그려 봐도 좋아요.

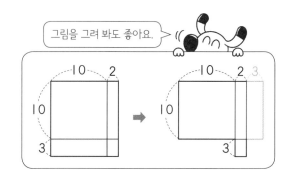

= ☐ ×10+2×3

= ☐ + ☐ = ☐

❷ 11×18

= ☐ ×10+1× ☐

= ☐ + ☐ = ☐

❸ 14×15

= ☐ ×10+4× ☐

= ☐ + ☐ = ☐

❹ 17×16

= ☐ ×10+7× ☐

= ☐ + ☐ = ☐

❺ 19×14

= ☐ ×10+9× ☐

= ☐ + ☐ = ☐

❻ 18×17

= ☐ ×10+8× ☐

= ☐ + ☐ = ☐

❼ 16×19

= ☐ ×10+6× ☐

= ☐ + ☐ = ☐

19단 곱셈을 '간단한 두 개의 곱의 합'으로 나타내는 과정이 익숙해지도록 연습해 봐요.

🐾 간단한 두 개의 곱의 합으로 계산해 보세요.

① 13×11

= ☐ ×10+3× ☐

= ☐ + ☐ = ☐

② 18×12

= ☐ ×10+8× ☐

= ☐ + ☐ = ☐

③ 14×14

= ☐ ×10+4× ☐

= ☐ + ☐ = ☐

④ 16×13

= ☐ ×10+6× ☐

= ☐ + ☐ = ☐

⑤ 12×17

= ☐ ×10+2× ☐

= ☐ + ☐ = ☐

⑥ 15×19

= ☐ ×10+5× ☐

= ☐ + ☐ = ☐

⑦ 17×15

= ☐ ×10+7× ☐

= ☐ + ☐ = ☐

⑧ 19×18

= ☐ ×10+9× ☐

= ☐ + ☐ = ☐

비법 써먹기

09 간단한 두 개의 곱의 합으로 구하면 쉬워 2

🐾 간단한 두 개의 곱의 합으로 계산해 보세요.

❶ 15 × 13

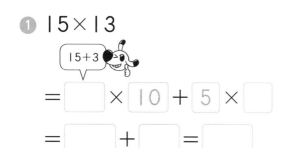

15+3

= ☐ × 10 + 5 × ☐

= ☐ + ☐ = ☐

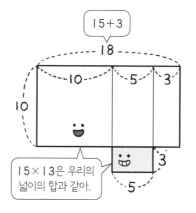

15+3

15×13은 우리의 넓이의 합과 같아.

❷ 11 × 17

= ☐ × ☐ + ☐ × ☐

= ☐ + ☐ = ☐

❸ 12 × 16

= ☐ × ☐ + ☐ × ☐

= ☐ + ☐ = ☐

❹ 14 × 18

= ☐ × ☐ + ☐ × ☐

= ☐ + ☐ = ☐

❺ 17 × 14

= ☐ × ☐ + ☐ × ☐

= ☐ + ☐ = ☐

❻ 19 × 15

= ☐ × ☐ + ☐ × ☐

= ☐ + ☐ = ☐

❼ 18 × 18

= ☐ × ☐ + ☐ × ☐

= ☐ + ☐ = ☐

그림을 떠올리면 계산하는 방법을 기억하기 쉬울 거예요.
'세로가 10인 직사각형'과 '남은 작은 직사각형'의 넓이의 합을 구한다고 생각해 봐요.

🐾 간단한 두 개의 곱의 합으로 계산해 보세요.

❶ 12×15

= ☐ × ☐ + ☐ × ☐

= ☐ + ☐ = ☐

❷ 14×13

= ☐ × ☐ + ☐ × ☐

= ☐ + ☐ = ☐

❸ 15×18

= ☐ × ☐ + ☐ × ☐

= ☐ + ☐ = ☐

❹ 19×12

= ☐ × ☐ + ☐ × ☐

= ☐ + ☐ = ☐

❺ 13×17

= ☐ × ☐ + ☐ × ☐

= ☐ + ☐ = ☐

❻ 16×16

= ☐ × ☐ + ☐ × ☐

= ☐ + ☐ = ☐

❼ 18×16

= ☐ × ☐ + ☐ × ☐

= ☐ + ☐ = ☐

❽ 17×19

= ☐ × ☐ + ☐ × ☐

= ☐ + ☐ = ☐

10 간단한 두 개의 곱의 합으로 구하면 쉬워 3

🐾 간단한 두 개의 곱의 합으로 계산해 보세요.

① 14×12

14+2

= ☐ × 10 + 4 × ☐

= ☐ + ☐ = ☐

② 11×15

= ☐ × ☐ + ☐ × ☐

= ☐ + ☐ = ☐

세로가 10인 긴 직사각형의
가로를 빠르게 구하는 게
핵심이에요!

③ 17×11

= ☐ × ☐ + ☐ × ☐

= ☐ + ☐ = ☐

④ 13×14

= ☐ × ☐ + ☐ × ☐

= ☐ + ☐ = ☐

⑤ 15×15

= ☐ × ☐ + ☐ × ☐

= ☐ + ☐ = ☐

⑥ 18×13

= ☐ × ☐ + ☐ × ☐

= ☐ + ☐ = ☐

⑦ 16×17

= ☐ × ☐ + ☐ × ☐

= ☐ + ☐ = ☐

⑧ 19×16

= ☐ × ☐ + ☐ × ☐

= ☐ + ☐ = ☐

우리의 최종 목표는 빠른 셈이니 차근차근 실력을 다져 봐요!

🐾 간단한 두 개의 곱의 합으로 계산해 보세요.

1 11×19

= ☐ × ☐ + ☐ × ☐

= ☐ + ☐ = ☐

2 15×14

= ☐ × ☐ + ☐ × ☐

= ☐ + ☐ = ☐

3 13×16

= ☐ × ☐ + ☐ × ☐

= ☐ + ☐ = ☐

4 14×17

= ☐ × ☐ + ☐ × ☐

= ☐ + ☐ = ☐

5 18×15

= ☐ × ☐ + ☐ × ☐

= ☐ + ☐ = ☐

6 17×13

= ☐ × ☐ + ☐ × ☐

= ☐ + ☐ = ☐

7 16×18

= ☐ × ☐ + ☐ × ☐

= ☐ + ☐ = ☐

8 19×19

= ☐ × ☐ + ☐ × ☐

= ☐ + ☐ = ☐

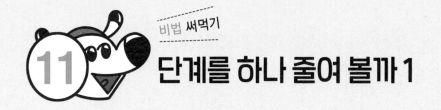

11 단계를 하나 줄여 볼까 1

🐾 단계를 하나 줄여서 계산해 보세요.

❶ 18×13

$= \boxed{210} + \boxed{} = \boxed{}$

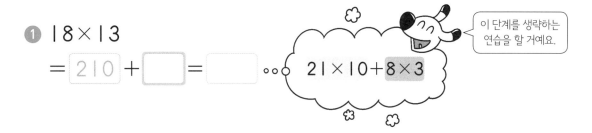

$21 \times 10 + 8 \times 3$

이 단계를 생략하는 연습을 할 거예요.

❷ 12×11

$= \boxed{} + \boxed{} = \boxed{}$

❸ 17×14

$= \boxed{} + \boxed{} = \boxed{}$

❹ 15×16

$= \boxed{} + \boxed{} = \boxed{}$

❺ 14×19

$= \boxed{} + \boxed{} = \boxed{}$

❻ 13×18

$= \boxed{} + \boxed{} = \boxed{}$

❼ 16×15

$= \boxed{} + \boxed{} = \boxed{}$

계산 과정의 한 단계인 '간단한 두 개의 곱의 합으로 나타내기'를 생략하는 연습을 해 보세요.
아직 단계를 줄이는 게 어렵다면 식을 살짝 적어 봐도 좋아요.

🐾 단계를 하나 줄여서 계산해 보세요.

① 12×18

= ☐ + ☐ = ☐

12×18
=200+16
=216

12×18
=20+16
=36

12+8은 세로가 10인 직사각형의 가로와 같아요.
가로 20에 세로 10을 곱한 값을 써야 해요!

② 13×14

= ☐ + ☐ = ☐

③ 14×15

= ☐ + ☐ = ☐

④ 17×13

= ☐ + ☐ = ☐

⑤ 18×16

= ☐ + ☐ = ☐

⑥ 16×17

= ☐ + ☐ = ☐

⑦ 19×18

= ☐ + ☐ = ☐

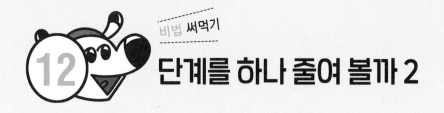
단계를 하나 줄여서 계산해 보세요.

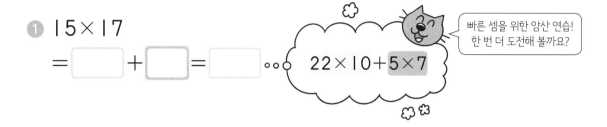

① 15×17

= ⬚ + ⬚ = ⬚ ∘∘○ (22×10 + 5×7)

빠른 셈을 위한 암산 연습!
한 번 더 도전해 볼까요?

② 11×18

= ⬚ + ⬚ = ⬚

③ 14×13

= ⬚ + ⬚ = ⬚

④ 13×17

= ⬚ + ⬚ = ⬚

⑤ 16×14

= ⬚ + ⬚ = ⬚

⑥ 19×15

= ⬚ + ⬚ = ⬚

⑦ 18×18

= ⬚ + ⬚ = ⬚

🐾 단계를 하나 줄여서 계산해 보세요.

❶ 11×19

$= \boxed{} + \boxed{} = \boxed{}$

❷ 13×13

$= \boxed{} + \boxed{} = \boxed{}$

❸ 15×13

$= \boxed{} + \boxed{} = \boxed{}$

❹ 12×16

$= \boxed{} + \boxed{} = \boxed{}$

❺ 14×17

$= \boxed{} + \boxed{} = \boxed{}$

❻ 16×16

$= \boxed{} + \boxed{} = \boxed{}$

❼ 18×15

$= \boxed{} + \boxed{} = \boxed{}$

❽ 19×17

$= \boxed{} + \boxed{} = \boxed{}$

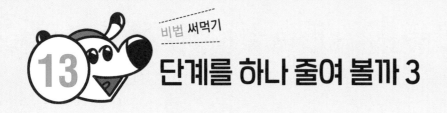
🐾 단계를 하나 줄여서 계산해 보세요.

❶ 12×12
= ☐ + ☐ = ☐

❷ 11×16
= ☐ + ☐ = ☐

❸ 13×15
= ☐ + ☐ = ☐

❹ 14×14
= ☐ + ☐ = ☐

❺ 18×14
= ☐ + ☐ = ☐

❻ 15×19
= ☐ + ☐ = ☐

❼ 17×18
= ☐ + ☐ = ☐

❽ 19×16
= ☐ + ☐ = ☐

19단 곱셈의 계산을 하지 않고 바로 값이 같은 것끼리 이어 봐요.
곱셈식을 바로 덧셈식과 이을 수 있다면 답을 구하는 건 식은 죽 먹기!

🐾 값이 같은 것끼리 선으로 이어 보세요.

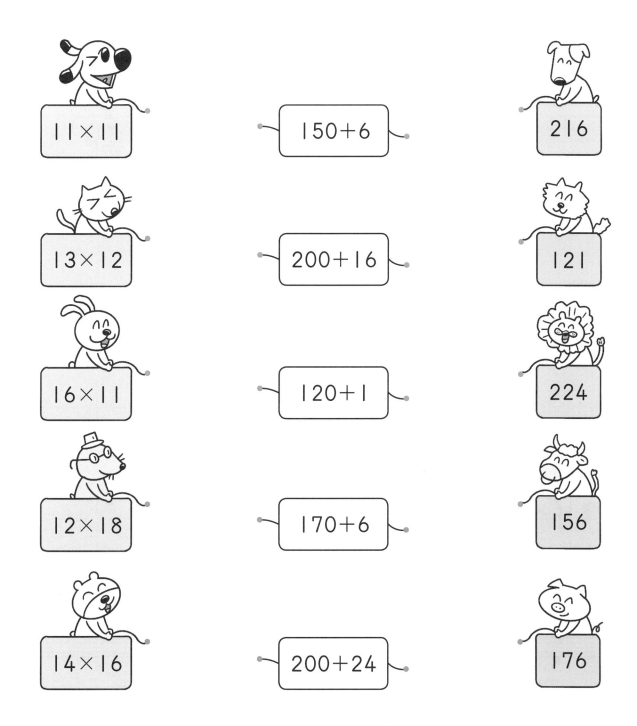

11×11

13×12

16×11

12×18

14×16

150+6

200+16

120+1

170+6

200+24

216

121

224

156

176

14 19단 곱셈을 빠르게 풀자 1

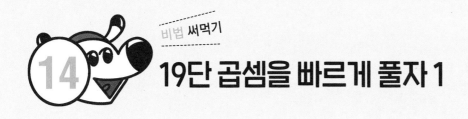

🐾 단계를 줄여서 계산해 보세요.

① 12×13 = 150+6 =

12×13은?

15×10+2×3과 같으니까 150+6=156!

② 11×12 =

③ 13×14 =

④ 17×13 =

⑤ 14×16 =

⑥ 16×15 =

⑦ 15×18 =

⑧ 18×18 =

⑨ 19×17 =

19단을 달달 외우는 것은 시간 낭비!
빠른 셈의 원리를 알고 이용하면 사고력도 쑥쑥 커질 거예요.

🐾 단계를 줄여서 계산해 보세요.

① 18×11＝

② 12×14＝

③ 11×17＝

④ 15×13＝

⑤ 16×19＝

⑥ 17×18＝

⑦ 14×14＝

⑧ 18×14＝

⑨ 13×19＝

⑩ 19×15＝

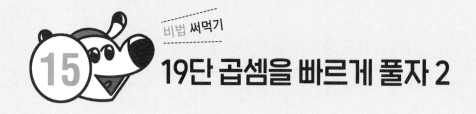

비법 써먹기

19단 곱셈을 빠르게 풀자 2

🐾 단계를 줄여서 계산해 보세요.

① 15×11= 160+5=

② 11×19=

③ 13×13=

④ 16×14=

⑤ 12×18=

⑥ 14×15=

⑦ 17×17=

⑧ 18×17=

⑨ 16×18=

⑩ 19×18=

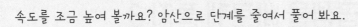

속도를 조금 높여 볼까요? 암산으로 단계를 줄여서 풀어 봐요.

🐾 단계를 줄여서 계산해 보세요.

❶ 11×13=

❷ 13×16=

❸ 15×12=

❹ 14×18=

❺ 12×19=

❻ 16×17=

❼ 18×16=

❽ 17×15=

❾ 19×14=

19단 곱셈법의 원리를 알고 써먹으면 누구보다도 빨리 계산할 수 있어요!

16 19단 곱셈을 빠르게 풀자 3

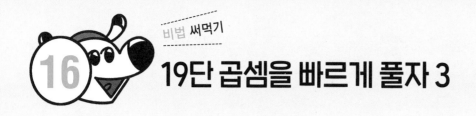

🐾 단계를 줄여서 계산해 보세요.

❶ 14×13=

170+12

❷ 11×18=

❸ 13×18=

❹ 12×16=

❺ 19×12=

❻ 15×17=

❼ 16×13=

❽ 18×12=

❾ 17×19=

❿ 18×19=

44

이제 '간단한 두 개의 곱의 합'으로 푸는 19단 곱셈이 익숙해졌나요?
빠르게 집중해서 풀어 봐요!

단계를 줄여서 계산해 보세요.

① $11 \times 16 =$

② $14 \times 12 =$

③ $16 \times 12 =$

④ $12 \times 17 =$

⑤ $19 \times 13 =$

⑥ $18 \times 15 =$

⑦ $15 \times 19 =$

⑧ $13 \times 17 =$

⑨ $17 \times 16 =$

⑩ $19 \times 19 =$

계산이 쉬운 식으로 바꾸어 푸는 19단 곱셈

비법 써먹기~
마지막으로
쭉 정리해 봐요!

🐾 단계를 줄여서 계산해 보세요.

① 11×15=

② 14×11=

③ 13×12=

④ 12×15=

⑤ 16×16=

⑥ 14×19=

⑦ 17×14=

⑧ 15×18=

⑨ 18×13=

⑩ 19×17=

😺 계산을 바르게 한 친구를 찾아 ○표 하세요.

①

$12\times13=15\times10+2\times3$
$=150+6$
$=156$

( )

$14\times16=20+4\times6$
$=20+24$
$=44$

( )

②

$13\times18=21+24$
$=45$

단계를 하나 줄여서 계산해야지~.

( )

$19\times14=230+36$
$=266$

덧셈식으로 나타내면 쉽지~.

( )

셋째
마당

3초 계산법으로
비법 완성하기

20

19

21

22

18

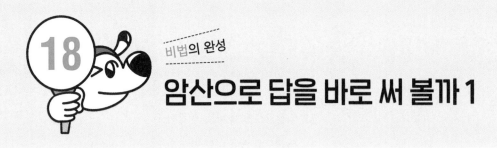

18 암산으로 답을 바로 써 볼까 1
비법의 완성

🐾 보기 와 같이 3초 계산법으로 풀어 보세요.

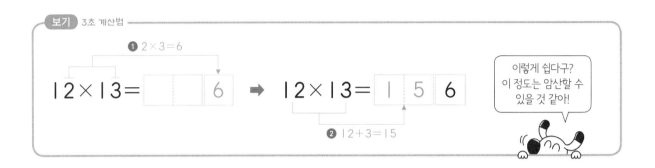

보기 3초 계산법

❶ 2×3=6

12×13= [ ][ ][6] ➡ 12×13= [1][5][6]

❷ 12+3=15

이렇게 쉽다구?
이 정도는 암산할 수
있을 것 같아!

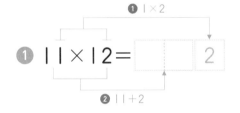

❶ 1×2

① 11×12= [ ][2]

❷ 11+2

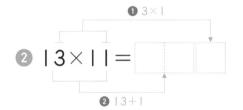

❶ 3×1

② 13×11= [ ][ ]

❷ 13+1

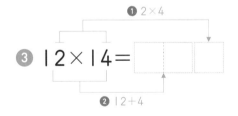

❶ 2×4

③ 12×14= [ ][ ]

❷ 12+4

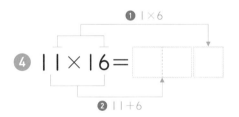

❶ 1×6

④ 11×16= [ ][ ]

❷ 11+6

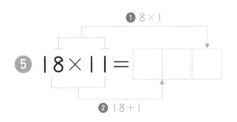

❶ 8×1

⑤ 18×11= [ ][ ]

❷ 18+1

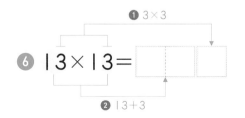

❶ 3×3

⑥ 13×13= [ ][ ]

❷ 13+3

이제 덧셈식으로 나타내는 과정도 한 단계 줄여 볼 거예요.
3초 만에 답이 나오는 빠른 셈에 도전해 봐요!

🐾 3초 계산법으로 풀어 보세요.

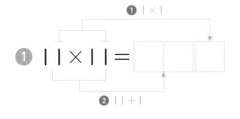

① 11×11=

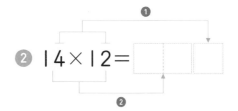

② 14×12=

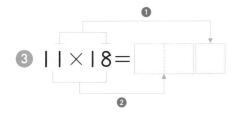

③ 11×18=

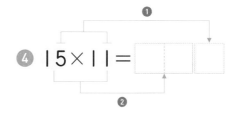

④ 15×11=

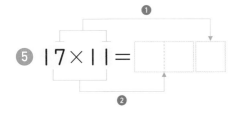

⑤ 17×11=

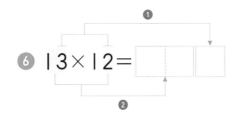

⑥ 13×12=

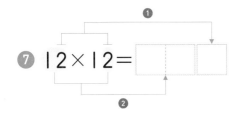

⑦ 12×12=

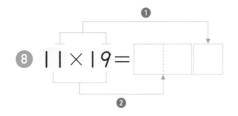

⑧ 11×19=

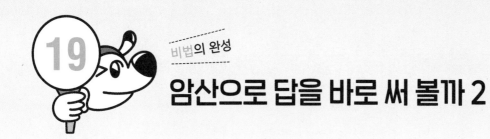

19 비법의 완성

암산으로 답을 바로 써 볼까 2

🐾 3초 계산법으로 풀어 보세요.

① 11×14 =

❶ 1×4
❷ 11+4

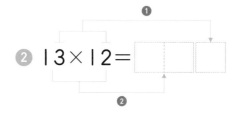

② 13×12 =

❶
❷

③ 18×11 =

④ 12×13 =

⑤ 11×17 =

⑥ 12×12 =

⑦ 13×11 =

⑧ 19×11 =

52

일의 자리 수끼리 곱할 때 올림이 없는 경우는 정말 쉬워요.
3초 계산법을 이용하여 속도를 내어 봐요.

🐾 3초 계산법으로 풀어 보세요.

❶ 12×11=☐☐☐

❷ 11×13=☐☐☐

❸ 16×11=☐☐☐

❹ 11×15=☐☐☐

❺ 14×11=☐☐☐

❻ 13×13=☐☐☐

❼ 11×18=☐☐☐

❽ 12×14=☐☐☐

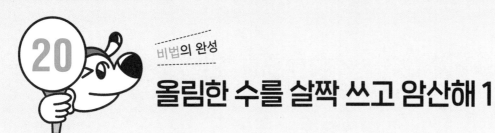

20 올림한 수를 살짝 쓰고 암산해 1

비법의 완성

🐾 **보기** 와 같이 3초 계산법으로 풀어 보세요.

보기 3초 계산법

❶ 5×3=15

15×13= [ ] [5] ➡ 15×13= [1] [9] [5]

❷ 15+3+[1]=19

일의 자리 수끼리의 곱에서 올림한 수를 15+3의 값에 함께 더해요!

❶ 2×6

❶ 4×8

1 12×16= [ ] [2] ❷ 12+6+(올림한 수)
[1]

12+6+1

2 14×18= [ ] [ ] ❷ 14+8+(올림한 수)

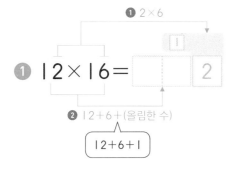
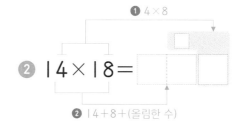

❶ 6×4

❶ 3×7

3 16×14= [ ] [ ] ❷ 16+4+(올림한 수)

4 13×17= [ ] [ ] ❷ 13+7+(올림한 수)

❶ 7×9

❶ 8×8

5 17×19= [ ] [ ] ❷ 17+9+(올림한 수)

6 18×18= [ ] [ ] ❷ 18+8+(올림한 수)

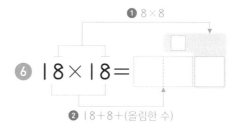

일의 자리 수끼리 곱할 때 올림이 있는 경우에는
올림한 수를 작게 써 놓으면 잊지 않고 더할 수 있어요. 빠른 셈에 도전해 봐요.

🐾 3초 계산법으로 풀어 보세요.

❶ 14×5

❷ 14+5+2

1 14×15=

올림한 수도 더하는 것을 잊지 마요!

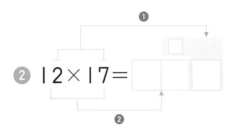

2 12×17=

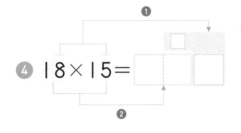

4 18×15=

3 13×16=

5 15×19=

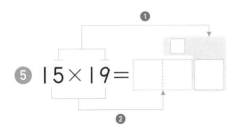

6 17×17=

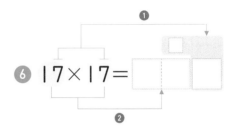

7 16×18=

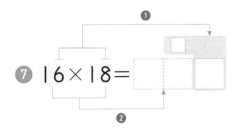

8 19×16=

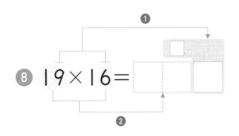

올림한 수를 살짝 쓰고 암산해 2

🐾 3초 계산법으로 풀어 보세요.

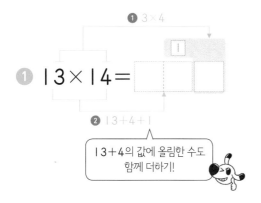

❶ 3×4

❶ $13 \times 14 =$ ☐ ☐ ☐

❷ $13+4+1$

13+4의 값에 올림한 수도 함께 더하기!

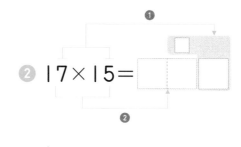

❶

❷ $17 \times 15 =$ ☐ ☐ ☐

❷

❸ $12 \times 19 =$ ☐ ☐ ☐

❹ $14 \times 14 =$ ☐ ☐ ☐

❺ $18 \times 13 =$ ☐ ☐ ☐

❻ $15 \times 16 =$ ☐ ☐ ☐

❼ $16 \times 19 =$ ☐ ☐ ☐

❽ $19 \times 18 =$ ☐ ☐ ☐

올림한 수도 암산하여 생각할 수 있으나 작게 쓰면 실수를 줄일 수 있어요.
3초 계산법으로 19단 곱셈을 풀어 봐요.

🐾 3초 계산법으로 풀어 보세요.

① 12×18= ☐☐☐

② 15×15= ☐☐☐

③ 16×15= ☐☐☐

④ 14×16= ☐☐☐

⑤ 17×14= ☐☐☐

⑥ 13×18= ☐☐☐

⑦ 18×16= ☐☐☐

⑧ 19×19= ☐☐☐

22 비법의 완성

세로셈도 암산으로 답을 바로 써 볼까 1

🐾 보기 와 같이 3초 계산법으로 풀어 보세요.

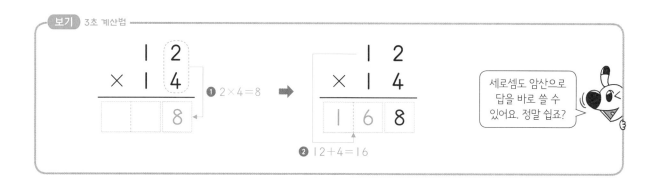

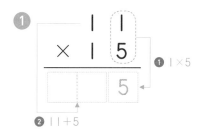

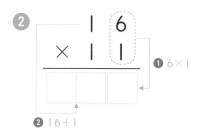

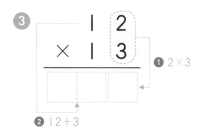

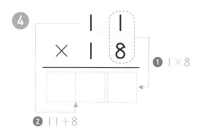

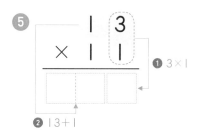

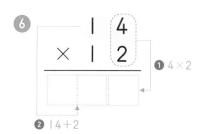

이번에는 세로셈도 암산으로 답을 바로 써 볼 거예요.
암산하는 방법은 가로셈과 같으니 익숙해지도록 연습해 봐요.

🐾 3초 계산법으로 풀어 보세요.

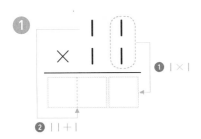

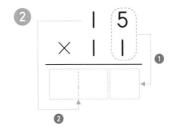

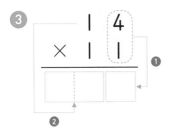

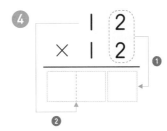

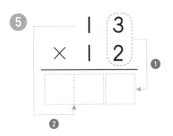

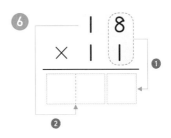

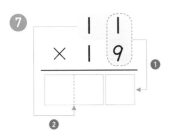

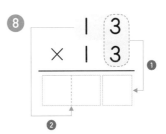

23

비법의 완성

세로셈도 암산으로 답을 바로 써 볼까 2

🐾 3초 계산법으로 풀어 보세요.

① ❶ 2 × 1
❷ 1 2 + 1

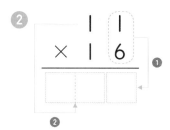

② ❶
❷

③
```
    l 3
×   l 2
─────────
```

④
```
    l 8
×   l l
─────────
```

⑤
```
    l l
×   l 9
─────────
```

⑥
```
    l 2
×   l 2
─────────
```

⑦
```
    l 3
×   l 3
─────────
```

⑧
```
    l 2
×   l 4
─────────
```

일의 자리 수끼리 곱할 때 올림이 없으니 어렵지 않죠?
3초 계산법으로 속도를 내어 풀어 봐요.

🐾 3초 계산법으로 풀어 보세요.

❶
```
    1 1
×   1 3
─────────
```

❷
```
    1 6
×   1 1
─────────
```

❸
```
    1 7
×   1 1
─────────
```

❹
```
    1 1
×   1 4
─────────
```

❺
```
    1 2
×   1 3
─────────
```

❻
```
    1 4
×   1 2
─────────
```

❼
```
    1 1
×   1 8
─────────
```

❽
```
    1 9
×   1 1
─────────
```

24 비법의 완성

세로셈도 올림한 수를 살짝 쓰고 암산해 1

🐾 보기 와 같이 3초 계산법으로 풀어 보세요.

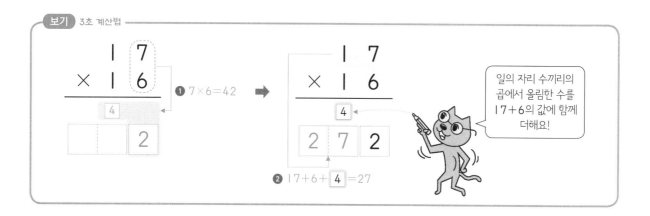

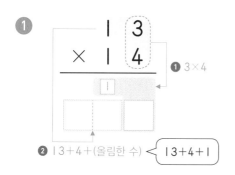

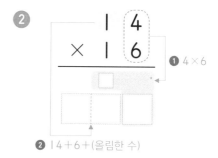

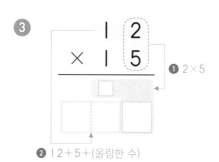

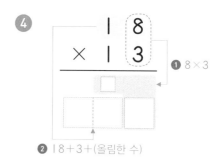

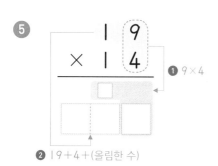

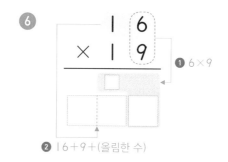

이번에는 일의 자리 수끼리 곱할 때 올림이 있는 경우예요.
올림한 수를 작게 쓰고 더하는 방법은 같으니 차근차근 연습해 봐요.

🐾 3초 계산법으로 풀어 보세요.

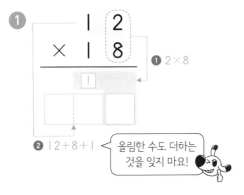

❶ 2×8

❷ 12+8+1   올림한 수도 더하는
            것을 잊지 마요!

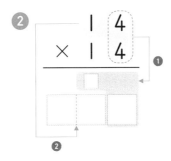

❶
❷

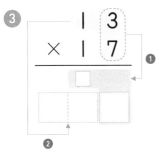

❶
❷

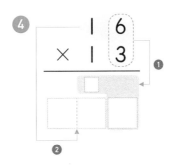

❶
❷

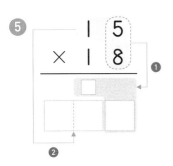

❶
❷

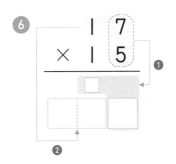

❶
❷

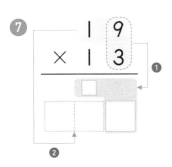

❶
❷

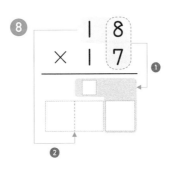

❶
❷

25 비법의 완성

세로셈도 올림한 수를 살짝 쓰고 암산해 2

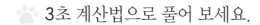

🐾 3초 계산법으로 풀어 보세요.

①
$$
\begin{array}{r}
1\ 3 \\
\times\ 1\ 5 \\
\hline
\end{array}
$$
❶ 3×5

❷ 1 3＋5＋1

13＋5의 값에 올림한 수도 함께 더하기!

②
$$
\begin{array}{r}
1\ 2 \\
\times\ 1\ 7 \\
\hline
\end{array}
$$
❶

❷

③
$$
\begin{array}{r}
1\ 4 \\
\times\ 1\ 7 \\
\hline
\end{array}
$$

④
$$
\begin{array}{r}
1\ 5 \\
\times\ 1\ 5 \\
\hline
\end{array}
$$

⑤
$$
\begin{array}{r}
1\ 6 \\
\times\ 1\ 8 \\
\hline
\end{array}
$$

⑥
$$
\begin{array}{r}
1\ 9 \\
\times\ 1\ 6 \\
\hline
\end{array}
$$

⑦
$$
\begin{array}{r}
1\ 7 \\
\times\ 1\ 7 \\
\hline
\end{array}
$$

⑧
$$
\begin{array}{r}
1\ 8 \\
\times\ 1\ 9 \\
\hline
\end{array}
$$

🐾 3초 계산법으로 풀어 보세요.

①
$$
\begin{array}{r}
1\ 5 \\
\times\ 1\ 6 \\
\hline
\end{array}
$$

②
$$
\begin{array}{r}
1\ 2 \\
\times\ 1\ 9 \\
\hline
\end{array}
$$

③
$$
\begin{array}{r}
1\ 6 \\
\times\ 1\ 7 \\
\hline
\end{array}
$$

④
$$
\begin{array}{r}
1\ 3 \\
\times\ 1\ 6 \\
\hline
\end{array}
$$

⑤
$$
\begin{array}{r}
1\ 4 \\
\times\ 1\ 8 \\
\hline
\end{array}
$$

⑥
$$
\begin{array}{r}
1\ 7 \\
\times\ 1\ 2 \\
\hline
\end{array}
$$

⑦
$$
\begin{array}{r}
1\ 9 \\
\times\ 1\ 5 \\
\hline
\end{array}
$$

⑧
$$
\begin{array}{r}
1\ 8 \\
\times\ 1\ 8 \\
\hline
\end{array}
$$

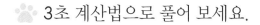

답이 바로 나오는 19단 3초 계산법

🐾 3초 계산법으로 풀어 보세요.

❶ 11×16= ⬚⬚

❷ 14×12= ⬚⬚

❸ 12×13= ⬚⬚

❹ 19×11= ⬚⬚

❺ 13×15= ⬚ ⬚⬚

❻ 15×18= ⬚ ⬚⬚

❼ 16×16= ⬚ ⬚⬚

❽ 17×13= ⬚ ⬚⬚

❾ 18×17= ⬚ ⬚⬚

❿ 19×17= ⬚ ⬚⬚

이제 19단 곱셈을 3초 만에 풀 수 있나요?
빠르게 집중해서 풀어 봐요!

🐾 3초 계산법으로 풀어 보세요.

❶
```
    1 1
  × 1 2
  ┌─┬─┬─┐
  └─┴─┴─┘
```

❷
```
    1 7
  × 1 1
  ┌─┬─┬─┐
  └─┴─┴─┘
```

❸
```
    1 2
  × 1 4
  ┌─┬─┬─┐
  └─┴─┴─┘
```

❹
```
    1 3
  × 1 3
  ┌─┬─┬─┐
  └─┴─┴─┘
```

❺
```
    1 4
  × 1 5
   ┌─┐
   └─┘
  ┌─┬─┬─┐
  └─┴─┴─┘
```

❻
```
    1 8
  × 1 4
   ┌─┐
   └─┘
  ┌─┬─┬─┐
  └─┴─┴─┘
```

❼
```
    1 5
  × 1 7
   ┌─┐
   └─┘
  ┌─┬─┬─┐
  └─┴─┴─┘
```

❽
```
    1 9
  × 1 9
   ┌─┐
   └─┘
  ┌─┬─┬─┐
  └─┴─┴─┘
```

3초 계산법 완성!
정말 대단해요!

넷째
마당

99단 곱셈까지
원리 확장하기

- 십의 자리 수가 같고, 일의 자리 수의 합이 10인 경우

30

27   29

31

28

32

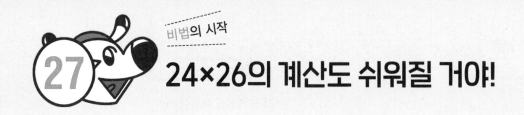

24×26의 계산도 쉬워질 거야!

🐾 '십의 자리 수가 같고, 일의 자리 수의 합이 10인 경우'의 99단 곱셈은 19단 곱셈법의 원리를 확장할 수 있어요. 99단 곱셈의 쉬운 계산을 알아보세요.

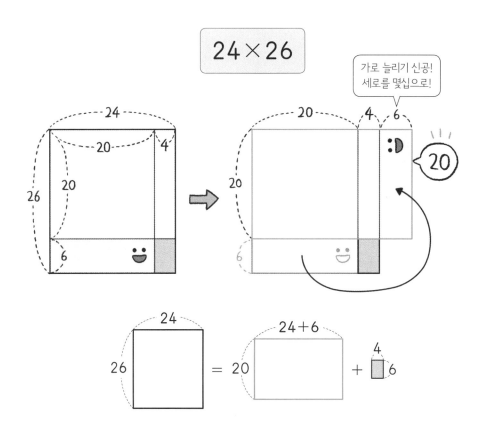

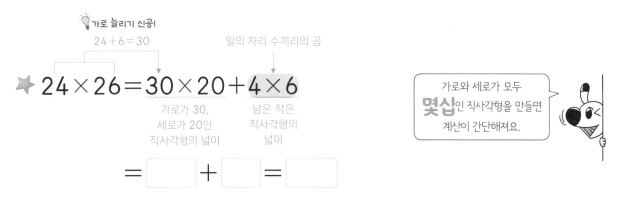

$$24 \times 26 = 30 \times 20 + 4 \times 6$$

가로가 30,
세로가 20인
직사각형의 넓이

남은 작은
직사각형의
넓이

$$= \boxed{} + \boxed{} = \boxed{}$$

가로와 세로가 모두
몇십인 직사각형을 만들면
계산이 간단해져요.

✛**전략 노트** 세로가 몇십 인 직사각형을 만들면 99단 곱셈 계산이 쉬워져!

99단 곱셈 중에서 '십의 자리 수가 같고, 일의 자리 수의 합이 10인 경우'일 때
19단 곱셈과 마찬가지로 **'가로 늘리기 신공'**을 이용하면 계산이 훨씬 쉬워져요.

🐾 19단 곱셈법의 원리를 확장하여 계산해 보세요.

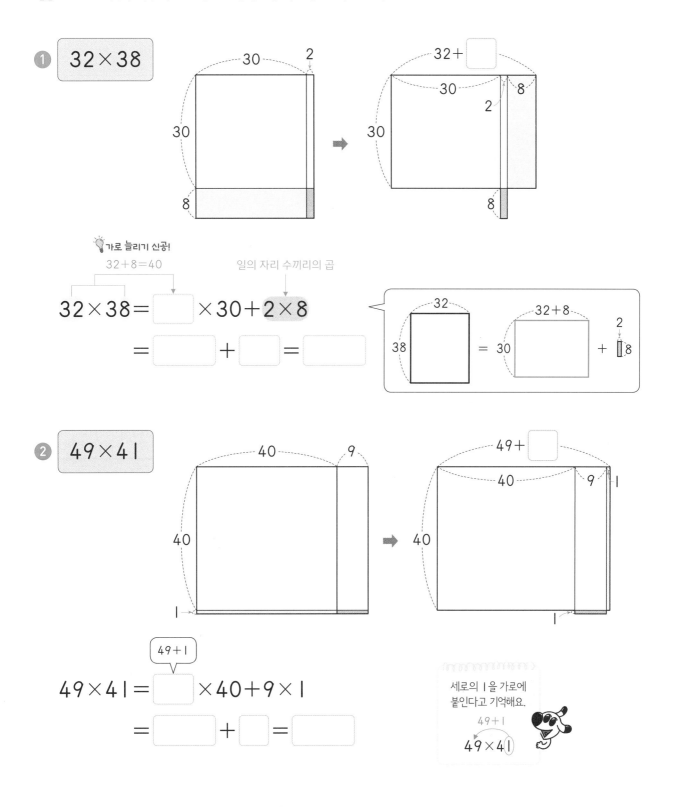

1 32×38

💡 가로 늘리기 신공!

$32 + 8 = 40$ 일의 자리 수끼리의 곱

$32 \times 38 = \boxed{} \times 30 + \mathbf{2 \times 8}$

$= \boxed{} + \boxed{} = \boxed{}$

2 49×41

$\boxed{49 + 1}$

$49 \times 41 = \boxed{} \times 40 + 9 \times 1$

$= \boxed{} + \boxed{} = \boxed{}$

세로의 1을 가로에
붙인다고 기억해요.

$49 + 1$

49×41

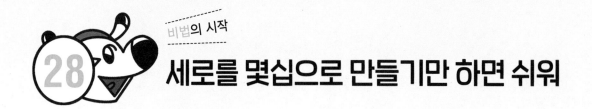

28 세로를 몇십으로 만들기만 하면 쉬워

비법의 시작

19단 곱셈법의 원리를 확장하여 계산해 보세요.

① 27×23

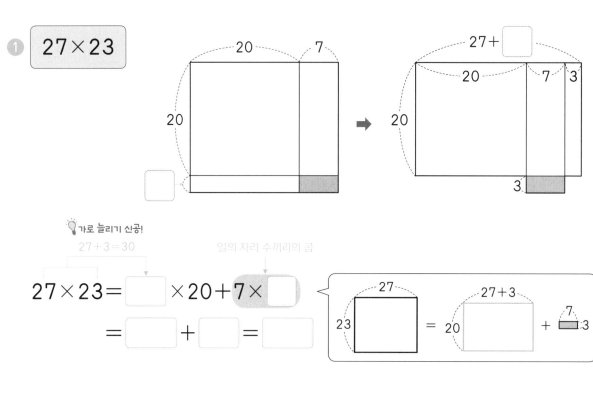

💡가로 늘리기 신공!

27+3=30

일의 자리 수끼리의 곱

$$27 \times 23 = \boxed{} \times 20 + 7 \times \boxed{}$$

$$= \boxed{} + \boxed{} = \boxed{}$$

② 46×44

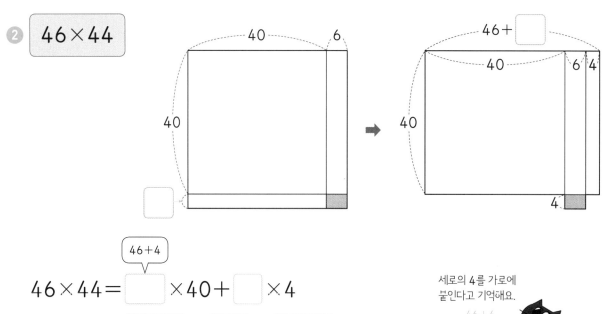

46+4

$$46 \times 44 = \boxed{} \times 40 + \boxed{} \times 4$$

$$= \boxed{} + \boxed{} = \boxed{}$$

세로의 4를 가로에
붙인다고 기억해요.

46+4

46×44

빠른 셈으로 가기 위한 준비 단계예요.
원리를 알고 이용하는 것과 모르고 식만 외우는 것은 하늘과 땅 차이!

🐾 19단 곱셈법의 원리를 확장하여 계산해 보세요.

① 35×35

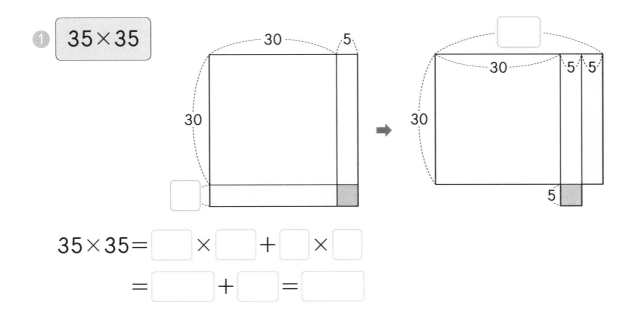

$$35 \times 35 = \boxed{} \times \boxed{} + \boxed{} \times \boxed{}$$
$$= \boxed{} + \boxed{} = \boxed{}$$

② 58×52

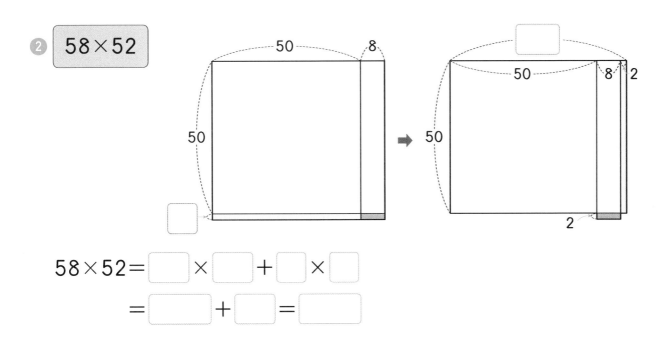

$$58 \times 52 = \boxed{} \times \boxed{} + \boxed{} \times \boxed{}$$
$$= \boxed{} + \boxed{} = \boxed{}$$

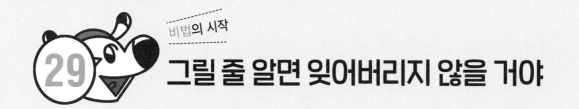

그릴 줄 알면 잊어버리지 않을 거야

🐾 색칠된 직사각형을 이동해 그려서 19단 곱셈법의 원리를 확장한 그림을 완성하고 계산해 보세요.

1 23×27

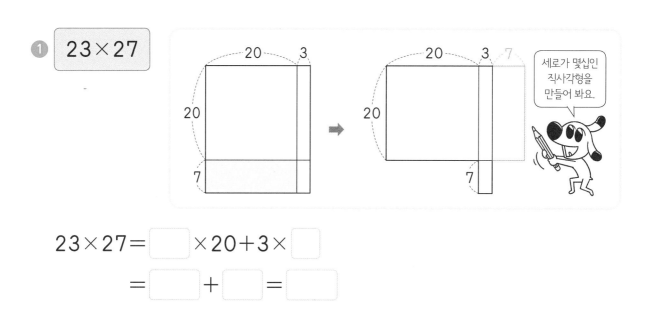

$$23 \times 27 = \boxed{} \times 20 + 3 \times \boxed{}$$
$$= \boxed{} + \boxed{} = \boxed{}$$

2 38×32

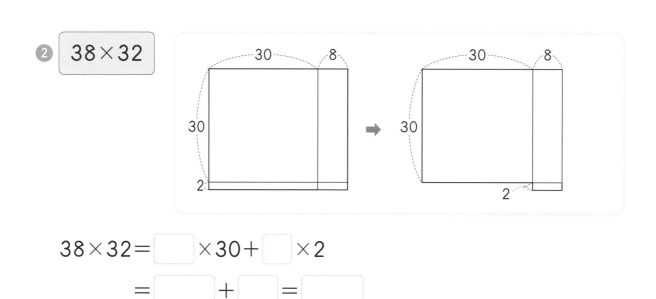

$$38 \times 32 = \boxed{} \times 30 + \boxed{} \times 2$$
$$= \boxed{} + \boxed{} = \boxed{}$$

'세로가 몇십이고 가로가 늘어난 직사각형'이 되도록
색칠된 직사각형을 직접 옮겨 그려 봐요.

🐾 색칠된 직사각형을 이동해 그려서 19단 곱셈법의 원리를 확장한 그림을 완성
하고 계산해 보세요.

① 26×24

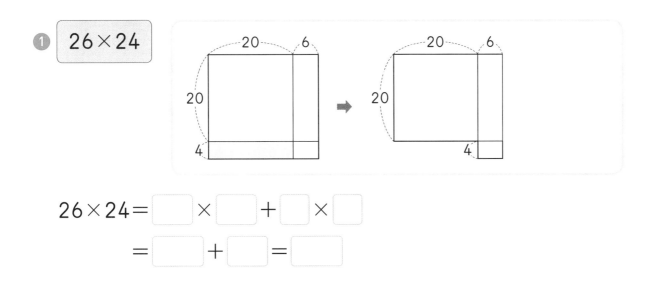

26×24= ☐ × ☐ + ☐ × ☐

= ☐ + ☐ = ☐

원리 그림을 모두 그려 봐요!

② 45×45

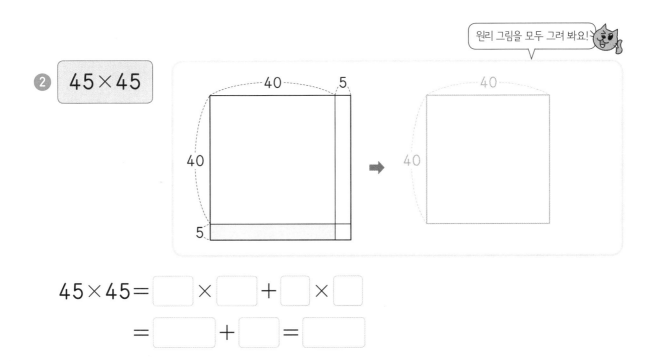

45×45= ☐ × ☐ + ☐ × ☐

= ☐ + ☐ = ☐

비법 써먹기

30 간단한 두 개의 곱의 합으로 구하면 쉬워 1

🐾 간단한 두 개의 곱의 합으로 계산해 보세요.

① 22×28

22+8

= [　] ×20+2×8

= [　] + [　] = [　]

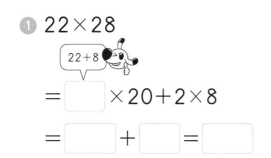

그림을 그려 봐도 좋아요.

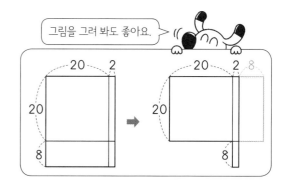

② 51×59

= [　] ×50+1× [　]

= [　] + [　] = [　]

③ 44×46

= [　] ×40+4× [　]

= [　] + [　] = [　]

④ 33×37

= [　] ×30+3× [　]

= [　] + [　] = [　]

⑤ 76×74

= [　] ×70+6× [　]

= [　] + [　] = [　]

⑥ 65×65

= [　] ×60+5× [　]

= [　] + [　] = [　]

⑦ 83×87

= [　] ×80+3× [　]

= [　] + [　] = [　]

🐾 간단한 두 개의 곱의 합으로 계산해 보세요.

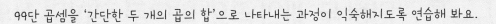

세로가 몇십인 긴 직사각형의 가로를 빠르게 구하는 게 핵심이에요!

① 21×29

$= \boxed{} \times 20 + 1 \times \boxed{}$

$= \boxed{} + \boxed{} = \boxed{}$

② 36×34

$= \boxed{} \times 30 + 6 \times \boxed{}$

$= \boxed{} + \boxed{} = \boxed{}$

③ 47×43

$= \boxed{} \times 40 + 7 \times \boxed{}$

$= \boxed{} + \boxed{} = \boxed{}$

④ 64×66

$= \boxed{} \times 60 + 4 \times \boxed{}$

$= \boxed{} + \boxed{} = \boxed{}$

⑤ 53×57

$= \boxed{} \times 50 + 3 \times \boxed{}$

$= \boxed{} + \boxed{} = \boxed{}$

⑥ 78×72

$= \boxed{} \times 70 + 8 \times \boxed{}$

$= \boxed{} + \boxed{} = \boxed{}$

⑦ 85×85

$= \boxed{} \times 80 + 5 \times \boxed{}$

$= \boxed{} + \boxed{} = \boxed{}$

⑧ 92×98

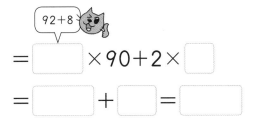

$92 + 8$

$= \boxed{} \times 90 + 2 \times \boxed{}$

$= \boxed{} + \boxed{} = \boxed{}$

🐾 간단한 두 개의 곱의 합으로 계산해 보세요.

❶ 25×25

(25+5)

$= \boxed{} \times 20 + 5 \times \boxed{}$

$= \boxed{} + \boxed{} = \boxed{}$

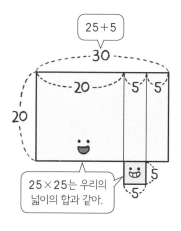

25×25는 우리의 넓이의 합과 같아.

❷ 39×31

$= \boxed{} \times \boxed{} + \boxed{} \times \boxed{}$

$= \boxed{} + \boxed{} = \boxed{}$

❸ 52×58

$= \boxed{} \times \boxed{} + \boxed{} \times \boxed{}$

$= \boxed{} + \boxed{} = \boxed{}$

❹ 61×69

$= \boxed{} \times \boxed{} + \boxed{} \times \boxed{}$

$= \boxed{} + \boxed{} = \boxed{}$

❺ 73×77

$= \boxed{} \times \boxed{} + \boxed{} \times \boxed{}$

$= \boxed{} + \boxed{} = \boxed{}$

❻ 94×96

$= \boxed{} \times \boxed{} + \boxed{} \times \boxed{}$

$= \boxed{} + \boxed{} = \boxed{}$

❼ 87×83

$= \boxed{} \times \boxed{} + \boxed{} \times \boxed{}$

$= \boxed{} + \boxed{} = \boxed{}$

그림을 떠올리면 계산하는 방법을 기억하기 쉬울 거예요.
'세로가 몇십인 직사각형'과 '남은 작은 직사각형'의 넓이의 합을 구한다고 생각해 봐요.

🐾 간단한 두 개의 곱의 합으로 계산해 보세요.

① 28×22

$$= \boxed{} \times \boxed{} + \boxed{} \times \boxed{}$$

$$= \boxed{} + \boxed{} = \boxed{}$$

② 37×33

$$= \boxed{} \times \boxed{} + \boxed{} \times \boxed{}$$

$$= \boxed{} + \boxed{} = \boxed{}$$

③ 56×54

$$= \boxed{} \times \boxed{} + \boxed{} \times \boxed{}$$

$$= \boxed{} + \boxed{} = \boxed{}$$

④ 41×49

$$= \boxed{} \times \boxed{} + \boxed{} \times \boxed{}$$

$$= \boxed{} + \boxed{} = \boxed{}$$

⑤ 63×67

$$= \boxed{} \times \boxed{} + \boxed{} \times \boxed{}$$

$$= \boxed{} + \boxed{} = \boxed{}$$

⑥ 89×81

$$= \boxed{} \times \boxed{} + \boxed{} \times \boxed{}$$

$$= \boxed{} + \boxed{} = \boxed{}$$

⑦ 72×78

$$= \boxed{} \times \boxed{} + \boxed{} \times \boxed{}$$

$$= \boxed{} + \boxed{} = \boxed{}$$

⑧ 95×95

$$= \boxed{} \times \boxed{} + \boxed{} \times \boxed{}$$

$$= \boxed{} + \boxed{} = \boxed{}$$

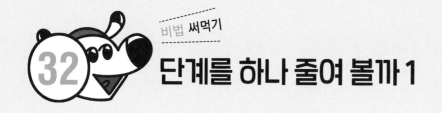

32 단계를 하나 줄여 볼까 1

비법 써먹기

🐾 단계를 하나 줄여서 계산해 보세요.

① 38 × 32

= ⎡1200⎤ + ☐ = ☐

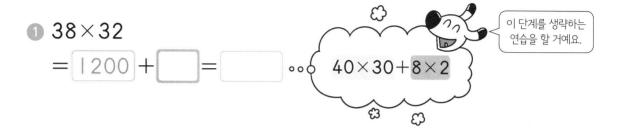

40 × 30 + 8 × 2

이 단계를 생략하는 연습을 할 거예요.

② 23 × 27

= ☐ + ☐ = ☐

③ 41 × 49

= ☐ + ☐ = ☐

④ 65 × 65

= ☐ + ☐ = ☐

⑤ 57 × 53

= ☐ + ☐ = ☐

⑥ 84 × 86

= ☐ + ☐ = ☐

⑦ 72 × 78

= ☐ + ☐ = ☐

계산 과정의 한 단계인 '간단한 두 개의 곱의 합으로 나타내기'를 생략하는 연습을 해 보세요.
아직 단계를 줄이는 게 어렵다면 식을 살짝 적어 봐도 좋아요.

🐾 단계를 하나 줄여서 계산해 보세요.

① 29×21

= ☐ + ☐ = ☐

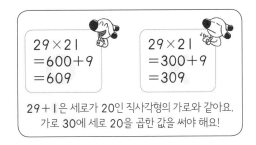

29×21
=600+9
=609

29×21
=300+9
=309

29+1은 세로가 20인 직사각형의 가로와 같아요.
가로 30에 세로 20을 곱한 값을 써야 해요!

② 45×45

= ☐ + ☐ = ☐

③ 52×58

= ☐ + ☐ = ☐

④ 73×77

= ☐ + ☐ = ☐

⑤ 68×62

= ☐ + ☐ = ☐

⑥ 85×85

= ☐ + ☐ = ☐

⑦ 96×94

= ☐ + ☐ = ☐

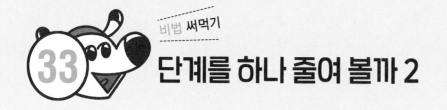

단계를 하나 줄여 볼까 2

🐾 단계를 하나 줄여서 계산해 보세요.

❶ 43×47

$= \boxed{} + \boxed{} = \boxed{}$ ∘∘

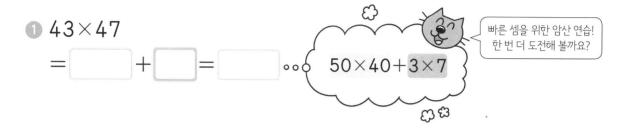

$50 \times 40 + 3 \times 7$

빠른 셈을 위한 암산 연습!
한 번 더 도전해 볼까요?

❷ 35×35

$= \boxed{} + \boxed{} = \boxed{}$

❸ 54×56

$= \boxed{} + \boxed{} = \boxed{}$

❹ 87×83

$= \boxed{} + \boxed{} = \boxed{}$

❺ 69×61

$= \boxed{} + \boxed{} = \boxed{}$

❻ 76×74

$= \boxed{} + \boxed{} = \boxed{}$

❼ 95×95

$= \boxed{} + \boxed{} = \boxed{}$

🐾 단계를 하나 줄여서 계산해 보세요.

① 24×26

= ☐ + ☐ = ☐

② 33×37

= ☐ + ☐ = ☐

③ 42×48

= ☐ + ☐ = ☐

④ 59×51

= ☐ + ☐ = ☐

⑤ 75×75

= ☐ + ☐ = ☐

⑥ 82×88

= ☐ + ☐ = ☐

⑦ 66×64

= ☐ + ☐ = ☐

⑧ 97×93

= ☐ + ☐ = ☐

34 99단 곱셈을 빠르게 풀자

🐾 단계를 줄여서 계산해 보세요.

❶ 28×22 = 600+16 =

28×22는?

30×20+8×2와 같으니까
600+16=616!

❷ 41×49 =

❸ 36×34 =

❹ 53×57 =

❺ 69×61 =

❻ 42×48 =

❼ 74×76 =

❽ 87×83 =

❾ 92×98 =

빠른 셈의 원리를 알고 이용하면 사고력도 쑥쑥 커질 거예요.

🐾 단계를 줄여서 계산해 보세요.

① 37×33=

② 59×51=

③ 25×25=

④ 46×44=

⑤ 78×72=

⑥ 55×55=

⑦ 82×88=

⑧ 67×63=

⑨ 93×97=

⑩ 84×86=

비법 써먹기

계산이 쉬운 식으로 바꾸어 푸는 99단 곱셈

비법 써먹기~
마지막으로
쭉 정리해 봐요!

🐾 단계를 줄여서 계산해 보세요.

① 24×26=

② 49×41=

③ 31×39=

④ 68×62=

⑤ 56×54=

⑥ 77×73=

⑦ 63×67=

⑧ 85×85=

⑨ 72×78=

⑩ 96×94=

계산을 바르게 한 친구를 찾아 ◯표 하세요.

①

$35 \times 35 = 40 \times 10 + 5 \times 5$
$= 400 + 25$
$= 425$

(   )

$22 \times 28 = 30 \times 20 + 2 \times 8$
$= 600 + 16$
$= 616$

(   )

②

$57 \times 53 = 3000 + 21$
$= 3021$

단계를 하나 줄여서
계산해야지~.

(   )

$91 \times 99 = 1000 + 9$
$= 1009$

덧셈식으로
나타내면 쉽지~.

(   )

36 비법의 완성
암산으로 답을 바로 써 볼까

🐾 **보기** 와 같이 3초 계산법으로 풀어 보세요.

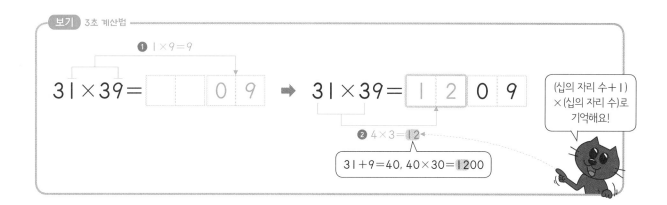

① 6×4
1 26×24 = ☐ 2 4
② (십의 자리 수+1)×(십의 자리 수)
3×2

① 2×8
2 52×58 = ☐ ☐
② (십의 자리 수+1)×(십의 자리 수)

① 7×3
3 47×43 = ☐ ☐
② (십의 자리 수+1)×(십의 자리 수)

① 4×6
4 64×66 = ☐ ☐
② (십의 자리 수+1)×(십의 자리 수)

① 5×5
5 95×95 = ☐ ☐
② (십의 자리 수+1)×(십의 자리 수)
10×9

① 8×2
6 78×72 = ☐ ☐
② (십의 자리 수+1)×(십의 자리 수)

이제 덧셈식으로 나타내는 과정도 한 단계 줄여 볼 거예요.
3초 만에 답이 나오는 빠른 셈에 도전해 봐요!

🐾 3초 계산법으로 풀어 보세요.

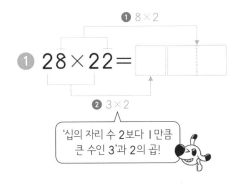

❶ 8×2

① 28×22=

❷ 3×2

'십의 자리 수 2보다 1만큼
큰 수인 3'과 2의 곱!

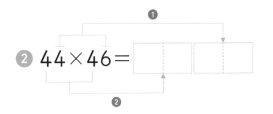

① ②

② 44×46=

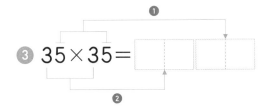

① ②

③ 35×35=

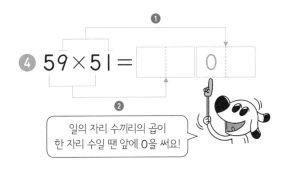

① ②

④ 59×51= 0

일의 자리 수끼리의 곱이
한 자리 수일 땐 앞에 0을 써요!

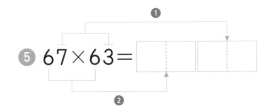

① ②

⑤ 67×63=

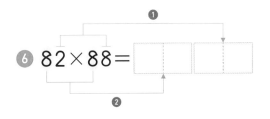

① ②

⑥ 82×88=

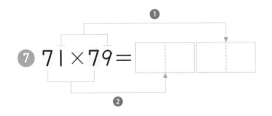

① ②

⑦ 71×79=

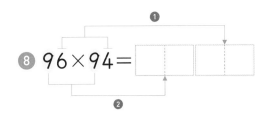

① ②

⑧ 96×94=

비법의 완성

세로셈도 암산으로 답을 바로 써 볼까

보기 와 같이 3초 계산법으로 풀어 보세요.

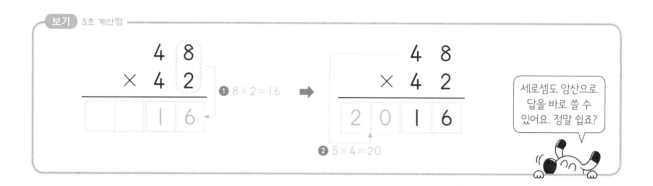

① 25 × 25

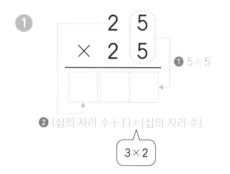

① 5×5

② (십의 자리 수＋1)×(십의 자리 수)

3×2

② 53 × 57

① 3×7

② (십의 자리 수＋1)×(십의 자리 수)

③ 36 × 34

① 6×4

② (십의 자리 수＋1)×(십의 자리 수)

④ 62 × 68

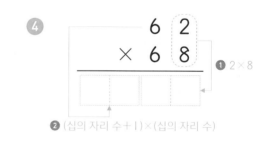

① 2×8

② (십의 자리 수＋1)×(십의 자리 수)

⑤ 87 × 83

① 7×3

② (십의 자리 수＋1)×(십의 자리 수)

⑥ 74 × 76

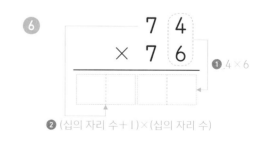

① 4×6

② (십의 자리 수＋1)×(십의 자리 수)

이번에는 세로셈도 암산으로 답을 바로 써 볼 거예요.
암산하는 방법은 가로셈과 같으니 익숙해지도록 연습해 봐요.

🐾 3초 계산법으로 풀어 보세요.

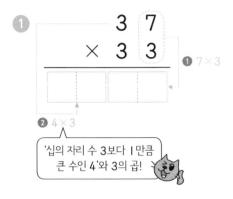

❶ 7×3
❷ 4×3

'십의 자리 수 3보다 1만큼 큰 수인 4'와 3의 곱!

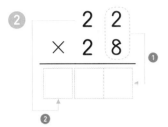

❶

❷

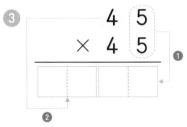

❶

❷

❶

❷

일의 자리 수끼리의 곱이 한 자리 수일 땐 앞에 0을 써요!

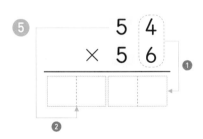

❶

❷

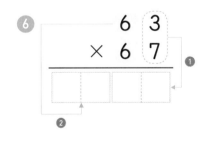

❶

❷

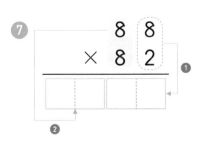

❶

❷

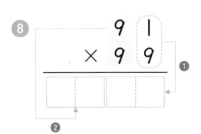

❶

❷

비법의 완성

답이 바로 나오는 99단 3초 계산법

🐾 3초 계산법으로 풀어 보세요.

① 29×21= ☐☐☐

② 34×36= ☐☐☐☐

③ 53×57= ☐☐☐☐

④ 48×42= ☐☐☐☐

⑤ 61×69= ☐☐☐☐

⑥ 56×54= ☐☐☐☐

⑦ 77×73= ☐☐☐☐

⑧ 62×68= ☐☐☐☐

⑨ 85×85= ☐☐☐☐

⑩ 94×96= ☐☐☐☐

이제 99단 곱셈을 3초 만에 풀 수 있나요?
빠르게 집중해서 풀어 봐요!

🐾 3초 계산법으로 풀어 보세요.

①
```
      2 3
  ×   2 7
  ┌──┬──┐
  │  │  │
  └──┴──┘
```

②
```
      5 1
  ×   5 9
  ┌──┬──┐
  │  │  │
  └──┴──┘
```

③
```
      3 9
  ×   3 1
  ┌──┬──┐
  │  │  │
  └──┴──┘
```

④
```
      4 6
  ×   4 4
  ┌──┬──┐
  │  │  │
  └──┴──┘
```

⑤
```
      6 8
  ×   6 2
  ┌──┬──┐
  │  │  │
  └──┴──┘
```

⑥
```
      8 4
  ×   8 6
  ┌──┬──┐
  │  │  │
  └──┴──┘
```

⑦
```
      9 7
  ×   9 3
  ┌──┬──┐
  │  │  │
  └──┴──┘
```

⑧
```
      7 2
  ×   7 8
  ┌──┬──┐
  │  │  │
  └──┴──┘
```

3초 계산법 완성!
정말 대단해요!

왜 99단 곱셈 중에서 '십의 자리 수가 같고,
일의 자리 수의 합이 10인 경우'에만 비법을 쓸까요?

십의 자리 수가 같지 않으면 색칠된 직사각형을 이동해 세로가 몇십이고 가로가 늘어난
직사각형을 만들 수가 없어요.

십의 자리 수가
다른 경우

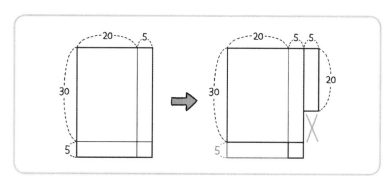

앗! 길이가
안 맞아 그릴
수가 없어요.

또 일의 자리 수의 합이 10일 때에만 만든 직사각형의 가로와 세로가 모두 몇십으로
간단해지기 때문이에요.

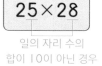
일의 자리 수의
합이 10이 아닌 경우

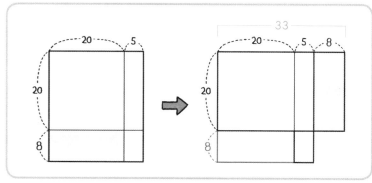

가로가 몇십으로
간단해지지 않아요.

아하! 그래서 23×27과 같은 99단 곱셈에 비법을 써먹는구나!

🐾 다음 계산을 하세요.

① 11×16= ⬜⬜

② 14×12= ⬜⬜

③ 13×15= ⬜⬜

④ 17×14= ⬜⬜

⑤ 16×17= ⬜⬜

⑥ 18×13= ⬜⬜

⑦
```
      1 2
  ×   1 3
  ─────────
```

⑧
```
      1 5
  ×   1 4
  ─────────
```

⑨
```
      1 9
  ×   1 5
  ─────────
```

⑩
```
      1 6
  ×   1 9
  ─────────
```

19단 3초 곱셈 통과 문제 2

🐾 다음 계산을 하세요.

① 14×11= ☐ ☐ ☐

② 13×13= ☐ ☐ ☐

③ 12×17= ☐ ☐ ☐

④ 16×15= ☐ ☐ ☐

⑤ 15×18= ☐ ☐ ☐

⑥ 19×12= ☐ ☐ ☐

⑦
```
    1 1
×   1 9
───────
☐ ☐ ☐
```

⑧
```
    1 7
×   1 5
───────
  ☐ ☐ ☐
```

⑨
```
    1 8
×   1 7
───────
  ☐ ☐ ☐
```

⑩
```
    1 9
×   1 8
───────
  ☐ ☐ ☐
```

99단 3초 곱셈 통과 문제 1

- 맞힌 개수: ☐ 개
- 걸린 시간: ☐ 초

🐾 다음 계산을 하세요.

① 25×25= ☐☐☐

② 39×31= ☐☐☐☐

③ 58×52= ☐☐☐☐

④ 63×67= ☐☐☐☐

⑤ 71×79= ☐☐☐☐

⑥ 96×94= ☐☐☐☐

⑦
```
    3 7
×   3 3
─────────
☐ ☐ ☐ ☐
```

⑧
```
    4 2
×   4 8
─────────
☐ ☐ ☐ ☐
```

⑨
```
    6 4
×   6 6
─────────
☐ ☐ ☐ ☐
```

⑩
```
    8 3
×   8 7
─────────
☐ ☐ ☐ ☐
```

99단 3초 곱셈 통과 문제 2

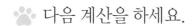 다음 계산을 하세요.

① 27×23=

② 48×42=

③ 51×59=

④ 74×76=

⑤ 62×68=

⑥ 85×85=

⑦
```
      3 6
  ×   3 4
```

⑧
```
      6 9
  ×   6 1
```

⑨
```
      7 3
  ×   7 7
```

⑩
```
      9 5
  ×   9 5
```

바쁜 초등학생을 위한 빠른 19단

정답

스마트폰으로도 정답을 확인할 수 있어요!

맨날 노는데 수학 잘하는 너! 도대체 비결이 뭐야?

① 정답을 확인한 후 틀린 문제는 ☆표를 쳐 놓으세요~.

② 그런 다음 연습장에 틀린 문제를 옮겨 적으세요.

③ 그리고 그 문제들만 한 번 더 풀어 보세요.

시간은 얼마 걸리지 않아요. 그러나 이때 실력이 확 붙는 거예요.
아는 문제를 여러 번 다시 푸는 건 시간 낭비예요.
내가 틀린 문제만 모아서 풀면 아무리 바쁘더라도
수학 실력을 키울 수 있어요!

비결은 간단해!

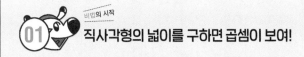

01 비법의 시작
직사각형의 넓이를 구하면 곱셈이 보여!

🐾 곱셈식을 직사각형의 넓이로 알아보세요.

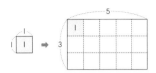

📐 직사각형에 |◻| 가 가로에 5개, 세로에 3개가 있으므로 모두 |5| 개입니다.

➡ 직사각형의 넓이: 5×3=|15|

(직사각형의 넓이)=(가로)×(세로)

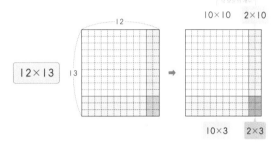

📐 12×13은 10×10+2×|10|+10×3+2×|3| 을 계산한 값과 같습니다.

⁺전략노트⁺ 직사각형의 넓이는 |곱셈| 으로 구한다. 곱셈에 넓이를 이용하자!

앞으로 배울 19단 곱셈법에서는 직사각형의 넓이를 이용할 거예요.
먼저 19단 곱셈을 그림으로 이해해 봐요.

🐾 그림을 보고 ◻ 안에 알맞은 수를 써넣으세요.

❶ |14×15| 10×10   4×|10|

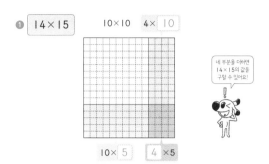

네 부분을 더하면
14×15의 값을
구할 수 있어요!

10× 5 |4| ×5

❷ |17×13| 10×|10| |7| ×10

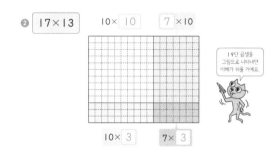

19단 곱셈을
그림으로 나타내면
이해가 쉬울 거예요.

10× 3 |7| × 3

---

02 비법의 시작
19단 곱셈을 나타내는 그림을 떠올려 봐

🐾 세로가 10이고 가로가 늘어난 직사각형을 만들었습니다. ◻ 안에 알맞은 수를 써넣으세요.

❶ |12×11|

10×10   2×10   10×10   2×10

세로가 10인 직사각형
◻을 만들기 위해
위치를 이동했어요!

1×|10|

|10| ×1 |2| ×1   위치를 옮겨도 넓이는 같아! |2| ×1

❷ |14×12|

10×10   4×10   10×|10| 4×10   2×10

10×|2| |4| ×2 |4| × 2

19단 곱셈을 나타내는 그림에서 한 부분의 위치를 옮겨도 넓이는 같아요.

🐾 세로가 10이고 가로가 늘어난 직사각형을 만들었습니다. ◻ 안에 알맞은 수를 써넣으세요.

❶ |11×13|

10×10   1×10   10×10   1×10 |3| × 10

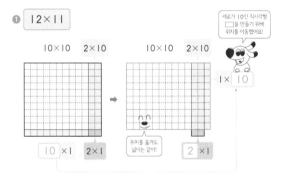

10×|3| |1| ×3 |1| × 3

❷ |15×11|

10×10   5×10   10×10   5×10 |1| × |10|

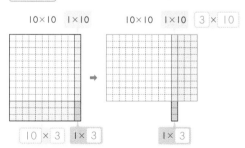

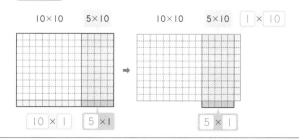

|10| ×1 |5| ×1 |5| × 1

100

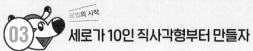

03 비법의 시작 세로가 10인 직사각형부터 만들자

🐾 16×13을 나타내는 그림이 있습니다. 세로가 10이고 가로가 늘어난 직사각형을 만들어 보세요.

$$16 \times 13$$

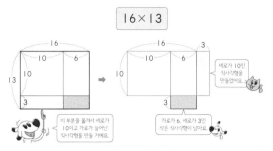

🐾 16×13의 그림에서 10×3의 부분을 이동하여 세로가 10인 식사각형 ☐ 을 만들었습니다.

🐾 직사각형 ☐ 의 가로는 16에서 3 만큼 늘어난 19 가 됩니다.

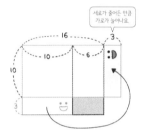

가로 늘리기 신공!
세로가 10이고 가로가 늘어난 직사각형을 만들기 위해 주어진 사각형의 한 부분을 이동하는 방법이에요. 앞으로 '가로 늘리기 신공'이라고 부를게요.

19단 곱셈을 나타내는 그림을 변형하면 '세로가 10인 직사각형'과 '남은 작은 직사각형'으로 만들 수 있어요.

🐾 세로가 10이고 가로가 늘어난 직사각형을 만들었습니다. ☐ 안에 알맞은 수를 써넣으세요.

① 12×14

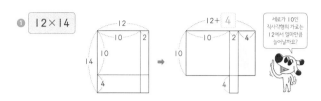

세로가 10인 직사각형의 가로는 12에서 얼마만큼 늘어날까요?

② 15×18

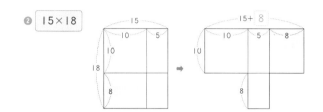

③ 14×17

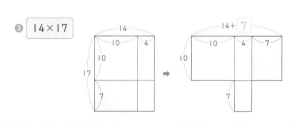

---

04 비법의 시작 이제 13×15의 계산이 쉬워질 거야!

🐾 19단 곱셈법의 원리를 알아보세요.

$$13 \times 15$$

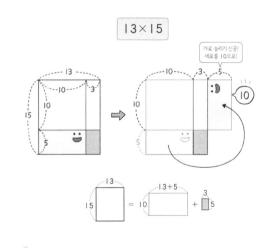

가로 늘리기 신공
13+5=18   일의 자리 수끼리의 곱

➡ $13 \times 15 = 18 \times 10 + 3 \times 5$
      세로가 10인   남은 작은
      직사각형의 넓이   직사각형의 넓이

$$= 180 + 15 = 195$$

세로가 10인 직사각형을 만들면 계산이 간단해져요.

그림을 이용하면 19단 곱셈을 계산이 쉬운 '간단한 두 개의 곱의 합'으로 나타낼 수 있어요.

🐾 19단 곱셈법의 원리를 이용하여 계산해 보세요.

① 16×12

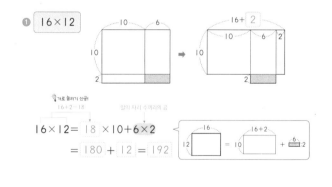

가로 늘리기 신공
16+2=18   일의 자리 수끼리의 곱

$16 \times 12 = 18 \times 10 + 6 \times 2$
$$= 180 + 12 = 192$$

② 17×14

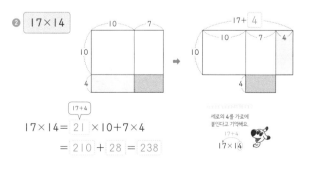

$17 \times 14 = 21 \times 10 + 7 \times 4$
$$= 210 + 28 = 238$$

세로의 4를 가로에 붙인다고 기억해요.

05 비법의 시작 세로를 10으로 만들기만 하면 쉬워

빠른 셈으로 가기 위한 준비 단계예요.
원리를 알고 이용하는 것과 모르고 식만 외우는 것은 하늘과 땅 차이!

🐾 19단 곱셈법의 원리를 이용하여 계산해 보세요.

① $14×13$

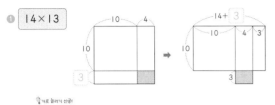

가로 늘리기 산공!

$14×13= \boxed{17} ×10+4× \boxed{3}$
$= \boxed{170} + \boxed{12} = 182$

② $15×17$

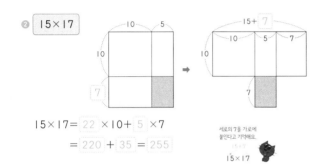

$15×17= \boxed{22} ×10+ \boxed{5} ×7$
$= \boxed{220} + \boxed{35} = 255$

세로의 7을 가로에 붙인다고 기억해요.

🐾 19단 곱셈법의 원리를 이용하여 계산해 보세요.

① $12×18$

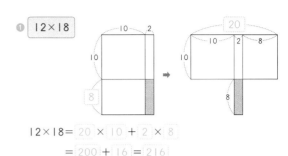

$12×18= \boxed{20} ×10+ \boxed{2} × \boxed{8}$
$= \boxed{200} + \boxed{16} = \boxed{216}$

② $13×16$

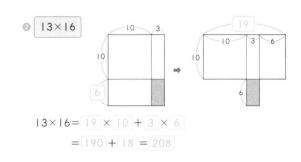

$13×16= \boxed{19} ×10+ \boxed{3} × \boxed{6}$
$= \boxed{190} + \boxed{18} = \boxed{208}$

06 비법의 시작 그릴 줄 알면 잊어버리지 않을 거야

'세로가 10이고 가로가 늘어난 직사각형'이 되도록 색칠된 직사각형을 직접 옮겨 그려 봐요.

🐾 색칠된 직사각형을 이동해 그려서 19단 곱셈법의 원리 그림을 완성하고 계산해 보세요.

① $11×16$

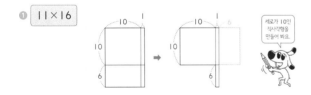

세로가 10인 직사각형을 만들어 봐요

$11×16= \boxed{17} ×10+1× \boxed{6}$
$= \boxed{170} + \boxed{6} = \boxed{176}$

② $18×13$

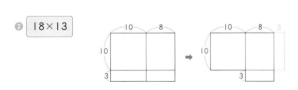

$18×13= \boxed{21} ×10+ \boxed{8} ×3$
$= \boxed{210} + \boxed{24} = \boxed{234}$

🐾 색칠된 직사각형을 이동해 그려서 19단 곱셈법의 원리 그림을 완성하고 계산해 보세요.

① $14×19$

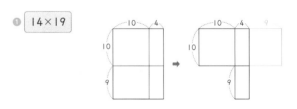

$14×19= \boxed{23} × \boxed{10} + \boxed{4} × \boxed{9}$
$= \boxed{230} + \boxed{36} = \boxed{266}$

원리 그림을 모두 그려 봐요!

② $17×12$

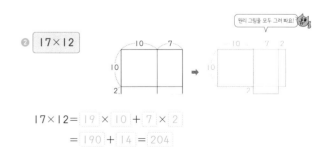

$17×12= \boxed{19} × \boxed{10} + \boxed{7} × \boxed{2}$
$= \boxed{190} + \boxed{14} = \boxed{204}$

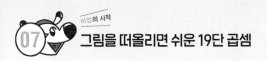

07 비법의 시작
그림을 떠올리면 쉬운 19단 곱셈

19단 곱셈을 보고 그림이 바로 떠오르면 언제든 빠른 19단 곱셈의 원리를 이용할 수 있을 거예요.

🐾 같은 곱셈을 나타내는 것끼리 선으로 잇고 답을 구해 보세요.

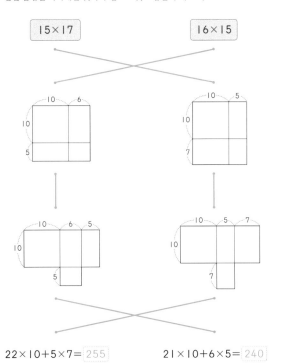

$22 \times 10 + 5 \times 7 = \boxed{255}$ $21 \times 10 + 6 \times 5 = \boxed{240}$

🐾 같은 곱셈을 나타내는 것끼리 선으로 잇고 답을 구해 보세요.

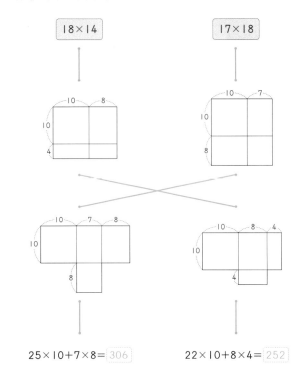

$25 \times 10 + 7 \times 8 = \boxed{306}$ $22 \times 10 + 8 \times 4 = \boxed{252}$

08 비법 써먹기
간단한 두 개의 곱의 합으로 구하면 쉬워 1

19단 곱셈을 '간단한 두 개의 곱의 합'으로 나타내는 과정이 익숙해지도록 연습해 봐요.

🐾 간단한 두 개의 곱의 합으로 계산해 보세요.

❶ 12×13
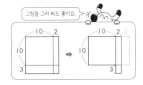
$= \boxed{15} \times 10 + 2 \times 3$
$= \boxed{150} + \boxed{6} = \boxed{156}$

❷ 11×18
$= \boxed{19} \times 10 + 1 \times \boxed{8}$
$= \boxed{190} + \boxed{8} = \boxed{198}$

❸ 14×15
$= \boxed{19} \times 10 + 4 \times \boxed{5}$
$= \boxed{190} + \boxed{20} = \boxed{210}$

❹ 17×16
$= \boxed{23} \times 10 + 7 \times \boxed{6}$
$= \boxed{230} + \boxed{42} = \boxed{272}$

❺ 19×14
$= \boxed{23} \times 10 + 9 \times \boxed{4}$
$= \boxed{230} + \boxed{36} = \boxed{266}$

❻ 18×17
$= \boxed{25} \times 10 + 8 \times \boxed{7}$
$= \boxed{250} + \boxed{56} = \boxed{306}$

❼ 16×19
$= \boxed{25} \times 10 + 6 \times \boxed{9}$
$= \boxed{250} + \boxed{54} = \boxed{304}$

🐾 간단한 두 개의 곱의 합으로 계산해 보세요.

❶ 13×11
$= \boxed{14} \times 10 + 3 \times \boxed{1}$
$= \boxed{140} + \boxed{3} = \boxed{143}$

❷ 18×12
$= \boxed{20} \times 10 + 8 \times \boxed{2}$
$= \boxed{200} + \boxed{16} = \boxed{216}$

❸ 14×14
$= \boxed{18} \times 10 + 4 \times \boxed{4}$
$= \boxed{180} + \boxed{16} = \boxed{196}$

❹ 16×13
$= \boxed{19} \times 10 + 6 \times \boxed{3}$
$= \boxed{190} + \boxed{18} = \boxed{208}$

❺ 12×17
$= \boxed{19} \times 10 + 2 \times \boxed{7}$
$= \boxed{190} + \boxed{14} = \boxed{204}$

❻ 15×19
$= \boxed{24} \times 10 + 5 \times \boxed{9}$
$= \boxed{240} + \boxed{45} = \boxed{285}$

❼ 17×15
$= \boxed{22} \times 10 + 7 \times \boxed{5}$
$= \boxed{220} + \boxed{35} = \boxed{255}$

❽ 19×18
$= \boxed{27} \times 10 + 9 \times \boxed{8}$
$= \boxed{270} + \boxed{72} = \boxed{342}$

 비법 써먹기

09 간단한 두 개의 곱의 합으로 구하면 쉬워 2

그림을 떠올리면 계산하는 방법을 기억하기 쉬울 거예요.
'세로가 10인 직사각형'과 '남은 작은 직사각형'의 넓이의 합을 구한다고 생각해 봐요.

🐾 간단한 두 개의 곱의 합으로 계산해 보세요.

❶ 15×13

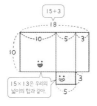
= 18 × 10 + 5 × 3
= 180 + 15 = 195

❷ 11×17
= 18 × 10 + 1 × 7
= 180 + 7 = 187

❸ 12×16
= 18 × 10 + 2 × 6
= 180 + 12 = 192

❹ 14×18
= 22 × 10 + 4 × 8
= 220 + 32 = 252

❺ 17×14
= 21 × 10 + 7 × 4
= 210 + 28 = 238

❻ 19×15
= 24 × 10 + 9 × 5
= 240 + 45 = 285

❼ 18×18
= 26 × 10 + 8 × 8
= 260 + 64 = 324

🐾 간단한 두 개의 곱의 합으로 계산해 보세요.

❶ 12×15
= 17 × 10 + 2 × 5
= 170 + 10 = 180

❷ 14×13
= 17 × 10 + 4 × 3
= 170 + 12 = 182

❸ 15×18
= 23 × 10 + 5 × 8
= 230 + 40 = 270

❹ 19×12
= 21 × 10 + 9 × 2
= 210 + 18 = 228

❺ 13×17
= 20 × 10 + 3 × 7
= 200 + 21 = 221

❻ 16×16
= 22 × 10 + 6 × 6
= 220 + 36 = 256

❼ 18×16
= 24 × 10 + 8 × 6
= 240 + 48 = 288

❽ 17×19
= 26 × 10 + 7 × 9
= 260 + 63 = 323

 비법 써먹기

10 간단한 두 개의 곱의 합으로 구하면 쉬워 3

 우리의 최종 목표는 빠른 셈이니 차근차근 실력을 다져 봐요!

🐾 간단한 두 개의 곱의 합으로 계산해 보세요.

❶ 14×12

= 16 × 10 + 4 × 2
= 160 + 8 = 168

❷ 11×15
= 16 × 10 + 1 × 5
= 160 + 5 = 165

 세로가 10인 긴 직사각형의 가로를 빠르게 구하는 게 핵심이에요.

❸ 17×11
= 18 × 10 + 7 × 1
= 180 + 7 = 187

❹ 13×14
= 17 × 10 + 3 × 4
= 170 + 12 = 182

❺ 15×15
= 20 × 10 + 5 × 5
= 200 + 25 = 225

❻ 18×13
= 21 × 10 + 8 × 3
= 210 + 24 = 234

❼ 16×17
= 23 × 10 + 6 × 7
= 230 + 42 = 272

❽ 19×16
= 25 × 10 + 9 × 6
= 250 + 54 = 304

🐾 간단한 두 개의 곱의 합으로 계산해 보세요.

❶ 11×19
= 20 × 10 + 1 × 9
= 200 + 9 = 209

❷ 15×14
= 19 × 10 + 5 × 4
= 190 + 20 = 210

❸ 13×16
= 19 × 10 + 3 × 6
= 190 + 18 = 208

❹ 14×17
= 21 × 10 + 4 × 7
= 210 + 28 = 238

❺ 18×15
= 23 × 10 + 8 × 5
= 230 + 40 = 270

❻ 17×13
= 20 × 10 + 7 × 3
= 200 + 21 = 221

❼ 16×18
= 24 × 10 + 6 × 8
= 240 + 48 = 288

❽ 19×19
= 28 × 10 + 9 × 9
= 280 + 81 = 361

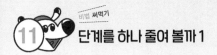

11 비법 써먹기 단계를 하나 줄여 볼까 1

계산 과정의 한 단계인 '간단한 두 개의 곱의 합으로 나타내기'를 생략하는 연습을 해 보세요.
아직 단계를 줄이는 게 어렵다면 식을 살짝 적어 봐도 좋아요.

단계를 하나 줄여서 계산해 보세요.

① 18×13
= 210 + 24 = 234

이 단계를 생략하는 연습을 할 거예요. (21×10+8×3)

② 12×11
= 130 + 2 = 132

③ 17×14
= 210 + 28 = 238

④ 15×16
= 210 + 30 = 240

⑤ 14×19
= 230 + 36 = 266

⑥ 13×18
= 210 + 24 = 234

⑦ 16×15
= 210 + 30 = 240

단계를 하나 줄여서 계산해 보세요.

① 12×18
= 200 + 16 = 216

| 12×18 $=200+16$ $=216$ | 12×18 $=20+16$ $=36$ |

12+8은 세로가 10인 직사각형의 가로와 같아요. 가로 20에 세로 10을 곱한 값을 써야 해요!

② 13×14
= 170 + 12 = 182

③ 14×15
= 190 + 20 = 210

④ 17×13
= 200 + 21 = 221

⑤ 18×16
= 240 + 48 = 288

⑥ 16×17
= 230 + 42 = 272

⑦ 19×18
= 270 + 72 = 342

12 비법 써먹기 단계를 하나 줄여 볼까 2

속도를 조금 높여 볼까요? 단계를 하나 줄여서 덧셈식으로 바로 나타내어 계산해요.

단계를 하나 줄여서 계산해 보세요.

① 15×17
= 220 + 35 = 255

빠른 셈을 위한 암산 연습! 한 번 더 도전해 볼까요? (22×10+5×7)

② 11×18
= 190 + 8 = 198

③ 14×13
= 170 + 12 = 182

④ 13×17
= 200 + 21 = 221

⑤ 16×14
= 200 + 24 = 224

⑥ 19×15
= 240 + 45 = 285

⑦ 18×18
= 260 + 64 = 324

단계를 하나 줄여서 계산해 보세요.

① 11×19
= 200 + 9 = 209

② 13×13
= 160 + 9 = 169

③ 15×13
= 180 + 15 = 195

④ 12×16
= 180 + 12 = 192

⑤ 14×17
= 210 + 28 = 238

⑥ 16×16
= 220 + 36 = 256

⑦ 18×15
= 230 + 40 = 270

⑧ 19×17
= 260 + 63 = 323

13 단계를 하나 줄여 볼까 3

비법 써먹기

단계를 하나 줄여서 계산해 보세요.

❶ 12×12
= 140 + 4 = 144

❷ 11×16
= 170 + 6 = 176

❸ 13×15
= 180 + 15 = 195

❹ 14×14
= 180 + 16 = 196

❺ 18×14
= 220 + 32 = 252

❻ 15×19
= 240 + 45 = 285

❼ 17×18
= 250 + 56 = 306

❽ 19×16
= 250 + 54 = 304

19단 곱셈의 계산을 하지 않고 바로 값이 같은 것끼리 이어 봐요.
곱셈식을 바로 덧셈식과 이을 수 있다면 답을 구하는 건 식은 죽 먹기!

값이 같은 것끼리 선으로 이어 보세요.

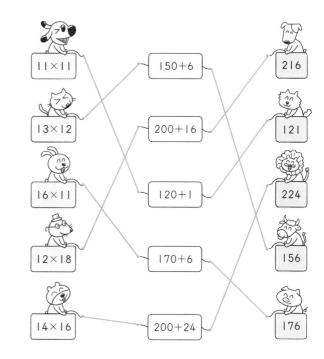

14 19단 곱셈을 빠르게 풀자 1

비법 써먹기

단계를 줄여서 계산해 보세요.

❶ 12×13 = 150+6 = 156

❷ 11×12 = 130+2 = 132

❸ 13×14 = 170+12 = 182

❹ 17×13 = 200+21 = 221

❺ 14×16 = 200+24 = 224

❻ 16×15 = 210+30 = 240

❼ 15×18 = 230+40 = 270

❽ 18×18 = 260+64 = 324

❾ 19×17 = 260+63 = 323

19단을 달달 외우는 것은 시간 낭비!
빠른 셈의 원리를 알고 이용하면 사고력도 쑥쑥 커질 거예요.

단계를 줄여서 계산해 보세요.

❶ 18×11 = 190+8 = 198

❷ 12×14 = 160+8 = 168

❸ 11×17 = 180+7 = 187

❹ 15×13 = 180+15 = 195

❺ 16×19 = 250+54 = 304

❻ 17×18 = 250+56 = 306

❼ 14×14 = 180+16 = 196

❽ 18×14 = 220+32 = 252

❾ 13×19 = 220+27 = 247

❿ 19×15 = 240+45 = 285

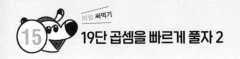

15 19단 곱셈을 빠르게 풀자 2

 속도를 조금 높여 볼까요? 암산으로 단계를 줄여서 풀어 봐요.

🐾 단계를 줄여서 계산해 보세요.

① 15×11=160+5=165   ② 11×19=200+9=209

③ 13×13=160+9=169   ④ 16×14=200+24=224

⑤ 12×18=200+16=216   ⑥ 14×15=190+20=210

⑦ 17×17=240+49=289   ⑧ 18×17=250+56=306

⑨ 16×18=240+48=288   ⑩ 19×18=270+72=342

🐾 단계를 줄여서 계산해 보세요.

① 11×13=140+3=143   ② 13×16=190+18=208

③ 15×12=170+10=180   ④ 14×18=220+32=252

⑤ 12×19=210+18=228   ⑥ 16×17=230+42=272

⑦ 18×16=240+48=288   ⑧ 17×15=220+35=255

⑨ 19×14=230+36=266

19단 곱셈법의 원리를 알고 써먹으면 누구보다도 빨리 계산할 수 있어요!

---

16 19단 곱셈을 빠르게 풀자 3

이제 '간단한 두 개의 곱의 합'으로 푸는 19단 곱셈이 익숙해졌나요? 빠르게 집중해서 풀어 봐요!

🐾 단계를 줄여서 계산해 보세요.

① 14×13=170+12=182
 170+12

② 11×18=190+8=198

③ 13×18=210+24=234   ④ 12×16=180+12=192

⑤ 19×12=210+18=228   ⑥ 15×17=220+35=255

⑦ 16×13=190+18=208   ⑧ 18×12=200+16=216

⑨ 17×19=260+63=323   ⑩ 18×19=270+72=342

🐾 단계를 줄여서 계산해 보세요.

① 11×16=170+6=176   ② 14×12=160+8=168

③ 16×12=180+12=192   ④ 12×17=190+14=204

⑤ 19×13=220+27=247   ⑥ 18×15=230+40=270

⑦ 15×19=240+45=285   ⑧ 13×17=200+21=221

⑨ 17×16=230+42=272   ⑩ 19×19=280+81=361

17 비법 써먹기 — 계산이 쉬운 식으로 바꾸어 푸는 19단 곱셈

■ 단계를 줄여서 계산해 보세요.

① $11 \times 15 = 160 + 5 = 165$

② $14 \times 11 = 150 + 4 = 154$

③ $13 \times 12 = 150 + 6 = 156$

④ $12 \times 15 = 170 + 10 = 180$

⑤ $16 \times 16 = 220 + 36 = 256$

⑥ $14 \times 19 = 230 + 36 = 266$

⑦ $17 \times 14 = 210 + 28 = 238$

⑧ $15 \times 18 = 230 + 40 = 270$

⑨ $18 \times 13 = 210 + 24 = 234$

⑩ $19 \times 17 = 260 + 63 = 323$

■ 계산을 바르게 한 친구를 찾아 ○표 하세요.

①
$$12 \times 13 = 15 \times 10 + 2 \times 3$$
$$= 150 + 6$$
$$= 156$$
(○)

$$14 \times 16 = 20 + 4 \times 6$$
$$= 20 + 24$$
$$= 44$$
( )

$$14 \times 16 = 20 \times 10 + 4 \times 6$$
$$= 200 + 24 = 224$$

②
$$13 \times 18 = 21 + 24$$
$$= 45$$
( )

$$19 \times 14 = 230 + 36$$
$$= 266$$
(○)

$$13 \times 18 = 210 + 24 = 234$$

18 비법의 완성 — 암산으로 답을 바로 써 볼까 1

이제 덧셈식으로 나타내는 과정도 한 단계 줄여 볼 거예요.
3초 만에 답이 나오는 빠른 셈에 도전해 봐요!

■ 보기 와 같이 3초 계산법으로 풀어 보세요.

■ 3초 계산법으로 풀어 보세요.

① $11 \times 12 = 1\ 3\ 2$

② $13 \times 11 = 1\ 4\ 3$

③ $12 \times 14 = 1\ 6\ 8$

④ $11 \times 16 = 1\ 7\ 6$

⑤ $18 \times 11 = 1\ 9\ 8$

⑥ $13 \times 13 = 1\ 6\ 9$

① $11 \times 11 = 1\ 2\ 1$

② $14 \times 12 = 1\ 6\ 8$

③ $11 \times 18 = 1\ 9\ 8$

④ $15 \times 11 = 1\ 6\ 5$

⑤ $17 \times 11 = 1\ 8\ 7$

⑥ $13 \times 12 = 1\ 5\ 6$

⑦ $12 \times 12 = 1\ 4\ 4$

⑧ $11 \times 19 = 2\ 0\ 9$

19 비법의 완성

암산으로 답을 바로 써 볼까 2

일의 자리 수끼리 곱할 때 올림이 없는 경우는 정말 쉬워요.
3초 계산법을 이용하여 속도를 내어 봐요.

🐾 3초 계산법으로 풀어 보세요.

❶ 11×14 = 1 5 4

❷ 13×12 = 1 5 6

❸ 18×11 = 1 9 8

❹ 12×13 = 1 5 6

❺ 11×17 = 1 8 7

❻ 12×12 = 1 4 4

❼ 13×11 = 1 4 3

❽ 19×11 = 2 0 9

🐾 3초 계산법으로 풀어 보세요.

❶ 12×11 = 1 3 2

❷ 11×13 = 1 4 3

❸ 16×11 = 1 7 6

❹ 11×15 = 1 6 5

❺ 14×11 = 1 5 4

❻ 13×13 = 1 6 9

❼ 11×18 = 1 9 8

❽ 12×14 = 1 6 8

---

20 비법의 완성

올림한 수를 살짝 쓰고 암산해 1

일의 자리 수끼리 곱할 때 올림이 있는 경우에는
올림한 수를 작게 써 놓으면 잊지 않고 더할 수 있어요. 빠른 셈에 도전해 봐요.

🐾 보기 와 같이 3초 계산법으로 풀어 보세요.

일의 자리 수끼리의
곱에서 올림한 수를
15+3의 값에 함께
더해요!

🐾 3초 계산법으로 풀어 보세요.

❶ 12×16 = 1 9 2
❷ 12+6+1(올림한 수)
12+6+1

❷ 14×18 = 2 5 2

❸ 16×14 = 2 2 4

❹ 13×17 = 2 2 1

❺ 17×19 = 3 2 3

❻ 18×18 = 3 2 4

❶ 14×15 = 2 1 0

올림한 수도 더하는
것을 잊지 마요!

❷ 12×17 = 2 0 4

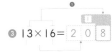
❸ 13×16 = 2 0 8

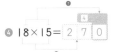
❹ 18×15 = 2 7 0

❺ 15×19 = 2 8 5

❻ 17×17 = 2 8 9

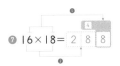
❼ 16×18 = 2 8 8

❽ 19×16 = 3 0 4

21 비법의 완성
올림한 수를 살짝 쓰고 암산해 2

🐾 3초 계산법으로 풀어 보세요.

❶ 13×14 = 1 8 2

❶ 13+4+1

> 13+4의 값에 올림한 수도 함께 더하기!

❷ 17×15 = 2 5 5

❸ 12×19 = 2 2 8

❹ 14×14 = 1 9 6

❺ 18×13 = 2 3 4

❻ 15×16 = 2 4 0

❼ 16×19 = 3 0 4

❽ 19×18 = 3 4 2

🌈 올림한 수도 암산하여 생각할 수 있으나 작게 쓰면 실수를 줄일 수 있어요.
3초 계산법으로 19단 곱셈을 풀어 봐요.

🐾 3초 계산법으로 풀어 보세요.

❶ 12×18 = 2 1 6

❷ 15×15 = 2 2 5

❸ 16×15 = 2 4 0

❹ 14×16 = 2 2 4

❺ 17×14 = 2 3 8

❻ 13×18 = 2 3 4

❼ 18×16 = 2 8 8

❽ 19×19 = 3 6 1

---

22 비법의 완성
세로셈도 암산으로 답을 바로 써 볼까 1

📋 58~59쪽

📋 보기 와 같이 3초 계산법으로 풀어 보세요.

> 세로셈도 암산으로 답을 바로 쓸 수 있어요. 정말 쉽죠?

❶
```
    1 2
  ×  1 5
  1 6 5
```
❶ 1+5
❷ 11+5

❷
```
    1 6
  ×  1 1
  1 7 6
```
❶ 6+1
❷ 16+1

❸
```
    1 2
  ×  1 3
  1 5 6
```
❶ 2+3
❷ 12+3

❹
```
    1 1
  ×  1 8
  1 9 8
```
❶ 1+8
❷ 11+8

❺
```
    1 3
  ×  1 1
  1 4 3
```
❶ 3+1
❷ 13+1

❻
```
    1 4
  ×  1 2
  1 6 8
```
❶ 4+2
❷ 14+2

🌈 이번에는 세로셈도 암산으로 답을 바로 써 볼 거예요.
암산하는 방법은 가로셈과 같으니 익숙해지도록 연습해 봐요.

🐾 3초 계산법으로 풀어 보세요.

❶
```
    1 1
  ×  1 1
  1 2 1
```
❶ 1+1
❷

❷
```
    1 5
  ×  1 1
  1 6 5
```
❶
❷

❸
```
    1 4
  ×  1 1
  1 5 4
```
❶
❷

❹
```
    1 2
  ×  1 2
  1 4 4
```
❶
❷

❺
```
    1 3
  ×  1 2
  1 5 6
```
❶
❷

❻
```
    1 8
  ×  1 1
  1 9 8
```
❶
❷

❼
```
    1 1
  ×  1 9
  2 0 9
```
❶
❷

❽
```
    1 3
  ×  1 3
  1 6 9
```
❶
❷

110

23 비법의 완성
세로셈도 암산으로 답을 바로 써 볼까 2

일의 자리 수끼리 곱할 때 올림이 없으니 어렵지 않죠?
3초 계산법으로 속도를 내어 풀어 봐요.

3초 계산법으로 풀어 보세요.

①
```
   1 2
 × 1 1
 1 3 2
```

②
```
   1 1
 × 1 6
 1 7 6
```

③
```
   1 3
 × 1 2
 1 5 6
```

④
```
   1 8
 × 1 1
 1 9 8
```

⑤
```
   1 1
 × 1 9
 2 0 9
```

⑥
```
   1 2
 × 1 2
 1 4 4
```

⑦
```
   1 3
 × 1 3
 1 6 9
```

⑧
```
   1 2
 × 1 4
 1 6 8
```

3초 계산법으로 풀어 보세요.

①
```
   1 1
 × 1 3
 1 4 3
```

②
```
   1 6
 × 1 1
 1 7 6
```

③
```
   1 7
 × 1 1
 1 8 7
```

④
```
   1 1
 × 1 4
 1 5 4
```

⑤
```
   1 2
 × 1 3
 1 5 6
```

⑥
```
   1 4
 × 1 2
 1 6 8
```

⑦
```
   1 1
 × 1 8
 1 9 8
```

⑧
```
   1 9
 × 1 1
 2 0 9
```

24 비법의 완성
세로셈도 올림한 수를 살짝 쓰고 암산해 1

이번에는 일의 자리 수끼리 곱할 때 올림이 있는 경우예요.
올림한 수를 작게 쓰고 더하는 방법은 같으니 차근차근 연습해 봐요.

보기 와 같이 3초 계산법으로 풀어 보세요.

일의 자리 수끼리의 곱에서 올림한 수를 17+6의 값에 함께 더해요!

3초 계산법으로 풀어 보세요.

①
```
   1 3
 × 1 4
 1 8 2
```

②
```
   1 4
 × 1 6
 2 2 4
```

③
```
   1 2
 × 1 5
 1 8 0
```

④
```
   1 8
 × 1 3
 2 3 4
```

⑤
```
   1 9
 × 1 4
 2 6 6
```

⑥
```
   1 6
 × 1 9
 3 0 4
```

3초 계산법으로 풀어 보세요.

①
```
   1 2
 × 1 8
 2 1 6
```

올림한 수도 더하는 것을 잊지 마요!

②
```
   1 4
 × 1 4
 1 9 6
```

③
```
   1 3
 × 1 7
 2 2 1
```

④
```
   1 6
 × 1 3
 2 0 8
```

⑤
```
   1 5
 × 1 8
 2 7 0
```

⑥
```
   1 7
 × 1 5
 2 5 5
```

⑦
```
   1 9
 × 1 3
 2 4 7
```

⑧
```
   1 8
 × 1 7
 3 0 6
```

🐾 3초 계산법으로 풀어 보세요.

①
```
    1 3
  × 1 5
  ① 3×5
  ─────
  1  9  5
```
② ❶3+5+1
13+5의 값에 올림한 수도 함께 더하기!

②
```
    1 2
  × 1 7
  ①
  ─────
  2  0  4
```
②

③
```
    1 4
  × 1 7
  ─────
  2  3  8
```

④
```
    1 5
  × 1 5
  ─────
  2  2  5
```

⑤
```
    1 6
  × 1 8
  ─────
  2  8  8
```

⑥
```
    1 9
  × 1 6
  ─────
  3  0  4
```

⑦
```
    1 7
  × 1 7
  ─────
  2  8  9
```

⑧
```
    1 8
  × 1 9
  ─────
  3  4  2
```

19단을 달달 외우는 것은 시간 낭비!
3초 계산법을 연습하면 빠르게 답을 구할 수 있을 거예요.

🐾 3초 계산법으로 풀어 보세요.

①
```
    1 5
  × 1 6
  ─────
  2  4  0
```

②
```
    1 2
  × 1 9
  ─────
  2  2  8
```

③
```
    1 6
  × 1 7
  ─────
  2  7  2
```

④
```
    1 3
  × 1 6
  ─────
  2  0  8
```

⑤
```
    1 4
  × 1 8
  ─────
  2  5  2
```

⑥
```
    1 7
  × 1 2
  ─────
  2  0  4
```

⑦
```
    1 9
  × 1 5
  ─────
  2  8  5
```

⑧
```
    1 8
  × 1 8
  ─────
  3  2  4
```

🐾 3초 계산법으로 풀어 보세요.

① 11×16= 1 7 6

② 14×12= 1 6 8

③ 12×13= 1 5 6

④ 19×11= 2 0 9

⑤ 13×15= 1 9 5

⑥ 15×18= 2 7 0

⑦ 16×16= 2 5 6

⑧ 17×13= 2 2 1

⑨ 18×17= 3 0 6

⑩ 19×17= 3 2 3

이제 19단 곱셈을 3초 안에 풀 수 있나요?
빠르게 집중해서 풀어 봐요!

🐾 3초 계산법으로 풀어 보세요.

①
```
    1 1
  × 1 2
  ─────
  1  3  2
```

②
```
    1 7
  × 1 1
  ─────
  1  8  7
```

③
```
    1 2
  × 1 4
  ─────
  1  6  8
```

④
```
    1 3
  × 1 3
  ─────
  1  6  9
```

⑤
```
    1 4
  × 1 5
  ─────
  2  1  0
```

⑥
```
    1 8
  × 1 4
  ─────
  2  5  2
```

⑦
```
    1 5
  × 1 7
  ─────
  2  5  5
```

⑧
```
    1 9
  × 1 9
  ─────
  3  6  1
```

3초 계산법 완성!
정말 대단해요!

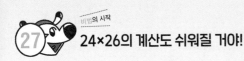

27 비법의 시작
24×26의 계산도 쉬워질 거야!

🐾 '십의 자리 수가 같고, 일의 자리 수의 합이 10인 경우'의 99단 곱셈은 19단 곱셈법의 원리를 확장할 수 있어요. 99단 곱셈의 쉬운 계산을 알아보세요.

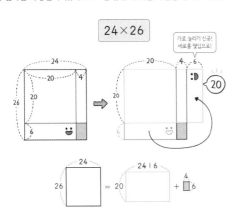

$$24×26=30×20+4×6$$

$$= 600 + 24 = 624$$

✚**전략노트** 세로가 몇십 인 직사각형을 만들면 99단 곱셈 계산이 쉬워져!

🦡 99단 곱셈 중에서 '십의 자리 수가 같고, 일의 자리 수의 합이 10인 경우'일 때
19단 곱셈과 마찬가지로 '가로 늘리기 신공'을 이용하면 계산이 훨씬 쉬워져요.

🐾 19단 곱셈법의 원리를 확장하여 계산해 보세요.

❶ 32×38
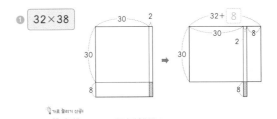

$$32×38= 40 ×30+2×8$$
$$= 1200 + 16 = 1216$$

❷ 49×41
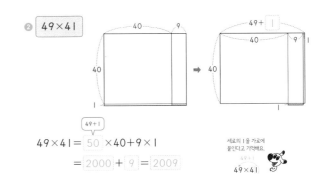

49+1

$$49×41= 50 ×40+9×1$$
$$= 2000 + 9 = 2009$$

세로의 1을 가로에
붙인다고 기억해요.
49+1
49×41

---

28 비법의 시작
세로를 몇십으로 만들기만 하면 쉬워

🐾 19단 곱셈법의 원리를 확장하여 계산해 보세요.

❶ 27×23
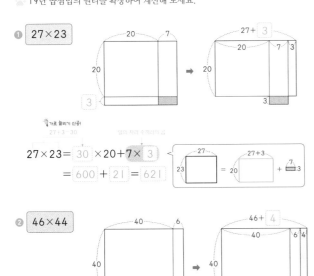

$$27×23= 30 ×20+7× 3$$
$$= 600 + 21 = 621$$

❷ 46×44
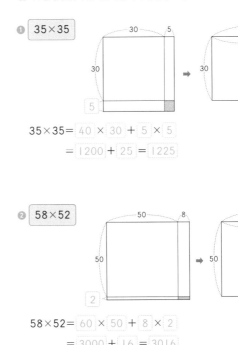

46+4
$$46×44= 50 ×40+ 6 ×4$$
$$= 2000 + 24 = 2024$$

세로의 4를 가로에
붙인다고 기억해요.
46+4
46×44

🌈 빠른 셈으로 가기 위한 준비 단계예요.
원리를 알고 이용하는 것과 모르고 식만 외우는 것은 하늘과 땅 차이!

🐾 19단 곱셈법의 원리를 확장하여 계산해 보세요.

❶ 35×35
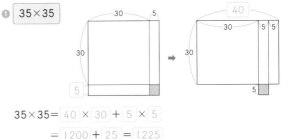

$$35×35= 40 × 30 + 5 × 5$$
$$= 1200 + 25 = 1225$$

❷ 58×52

$$58×52= 60 × 50 + 8 × 2$$
$$= 3000 + 16 = 3016$$

29 그릴 줄 알면 잊어버리지 않을 거야
비법의 시작

색칠된 직사각형을 이동해 그려서 19단 곱셈법의 원리를 확장한 그림을 완성하고 계산해 보세요.

① 23×27

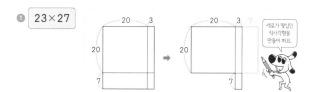

세로가 몇십인 직사각형을 만들어요.

$23×27 =$ 30 $×20+3×$ 7
$=$ 600 $+$ 21 $=$ 621

② 38×32

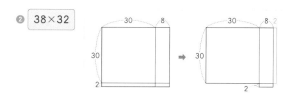

$38×32 =$ 40 $×30+$ 8 $×2$
$=$ 1200 $+$ 16 $=$ 1216

'세로가 몇십이고 가로가 늘어난 직사각형'이 되도록 색칠된 직사각형을 직접 옮겨 그려 봐요.

색칠된 직사각형을 이동해 그려서 19단 곱셈법의 원리를 확장한 그림을 완성하고 계산해 보세요.

① 26×24

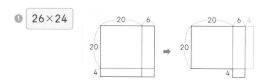

$26×24 =$ 30 $×20+$ 6 $×4$
$=$ 600 $+$ 24 $=$ 624

② 45×45

원리 그림을 모두 그려 봐요!

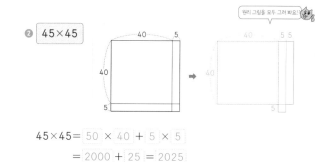

$45×45 =$ 50 $×40+$ 5 $×5$
$=$ 2000 $+$ 25 $=$ 2025

30 간단한 두 개의 곱의 합으로 구하면 쉬워 1
비법 써먹기

간단한 두 개의 곱의 합으로 계산해 보세요.

① 22×28

그림을 그려 보아도 좋아요.

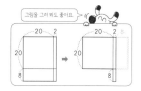

$=$ 30 $×20+2×8$
$=$ 600 $+$ 16 $=$ 616

② 51×59
$=$ 60 $×50+1×$ 9
$=$ 3000 $+$ 9 $=$ 3009

③ 44×46
$=$ 50 $×40+4×$ 6
$=$ 2000 $+$ 24 $=$ 2024

④ 33×37
$=$ 40 $×30+3×$ 7
$=$ 1200 $+$ 21 $=$ 1221

⑤ 76×74
$=$ 80 $×70+6×$ 4
$=$ 5600 $+$ 24 $=$ 5624

⑥ 65×65
$=$ 70 $×60+5×$ 5
$=$ 4200 $+$ 25 $=$ 4225

⑦ 83×87
$=$ 90 $×80+3×$ 7
$=$ 7200 $+$ 21 $=$ 7221

99단 곱셈을 '간단한 두 개의 곱의 합'으로 나타내는 과정이 익숙해지도록 연습해 봐요.

간단한 두 개의 곱의 합으로 계산해 보세요.

세로가 몇십인 긴 직사각형의 가로를 빠르게 구하는 게 핵심이에요!

① 21×29
$=$ 30 $×20+1×$ 9
$=$ 600 $+$ 9 $=$ 609

② 36×34
$=$ 40 $×30+6×$ 4
$=$ 1200 $+$ 24 $=$ 1224

③ 47×43
$=$ 50 $×40+7×$ 3
$=$ 2000 $+$ 21 $=$ 2021

④ 64×66
$=$ 70 $×60+4×$ 6
$=$ 4200 $+$ 24 $=$ 4224

⑤ 53×57
$=$ 60 $×50+3×$ 7
$=$ 3000 $+$ 21 $=$ 3021

⑥ 78×72
$=$ 80 $×70+8×$ 2
$=$ 5600 $+$ 16 $=$ 5616

⑦ 85×85
$=$ 90 $×80+5×$ 5
$=$ 7200 $+$ 25 $=$ 7225

⑧ 92×98
$=$ 100 $×90+2×$ 8
$=$ 9000 $+$ 16 $=$ 9016

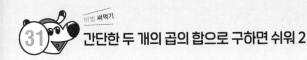

31 간단한 두 개의 곱의 합으로 구하면 쉬워 2

그림을 떠올리면 계산하는 방법을 기억하기 쉬울 거예요.
'세로가 몇십인 직사각형'과 '남은 작은 직사각형'의 넓이의 합을 구한다고 생각해 봐요.

간단한 두 개의 곱의 합으로 계산해 보세요.

❶ 25×25
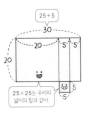
$= 30 × 20 + 5 × 5$
$= 600 + 25 = 625$

25×25는 우리의
넓이의 합과 같아.

❷ 39×31
$= 40 × 30 + 9 × 1$
$= 1200 + 9 = 1209$

❸ 52×58
$= 60 × 50 + 2 × 8$
$= 3000 + 16 = 3016$

❹ 61×69
$= 70 × 60 + 1 × 9$
$= 4200 + 9 = 4209$

❺ 73×77
$= 80 × 70 + 3 × 7$
$= 5600 + 21 = 5621$

❻ 94×96
$= 100 × 90 + 4 × 6$
$= 9000 + 24 = 9024$

❼ 87×83
$= 90 × 80 + 7 × 3$
$= 7200 + 21 = 7221$

간단한 두 개의 곱의 합으로 계산해 보세요.

❶ 28×22
$= 30 × 20 + 8 × 2$
$= 600 + 16 = 616$

❷ 37×33
$= 40 × 30 + 7 × 3$
$= 1200 + 21 = 1221$

❸ 56×54
$= 60 × 50 + 6 × 4$
$= 3000 + 24 = 3024$

❹ 41×49
$= 50 × 40 + 1 × 9$
$= 2000 + 9 = 2009$

❺ 63×67
$= 70 × 60 + 3 × 7$
$= 4200 + 21 = 4221$

❻ 89×81
$= 90 × 80 + 9 × 1$
$= 7200 + 9 = 7209$

❼ 72×78
$= 80 × 70 + 2 × 8$
$= 5600 + 16 = 5616$

❽ 95×95
$= 100 × 90 + 5 × 5$
$= 9000 + 25 = 9025$

32 단계를 하나 줄여 볼까 1

계산 과정의 한 단계인 '간단한 두 개의 곱의 합으로 나타내기'를 생략하는 연습을 해 보세요.
아직 단계를 줄이는 게 어렵다면 식을 살짝 적어도 좋아요.

단계를 하나 줄여서 계산해 보세요.

❶ 38×32
$= 1200 + 16 = 1216$

40×30+8×2
이 단계를 생략하는
연습을 할 거예요.

❷ 23×27
$= 600 + 21 = 621$

❸ 41×49
$= 2000 + 9 = 2009$

❹ 65×65
$= 4200 + 25 = 4225$

❺ 57×53
$= 3000 + 21 = 3021$

❻ 84×86
$= 7200 + 24 = 7224$

❼ 72×78
$= 5600 + 16 = 5616$

단계를 하나 줄여서 계산해 보세요.

❶ 29×21
$= 600 + 9 = 609$

29×21 =600+9 =609
29×21 =300+9 =309
29+1은 세로가 20인 직사각형의 가로와 같아요.
가로 30에 세로 20을 곱한 값을 써야 해요!

❷ 45×45
$= 2000 + 25 = 2025$

❸ 52×58
$= 3000 + 16 = 3016$

❹ 73×77
$= 5600 + 21 = 5621$

❺ 68×62
$= 4200 + 16 = 4216$

❻ 85×85
$= 7200 + 25 = 7225$

❼ 96×94
$= 9000 + 24 = 9024$

115

33 단계를 하나 줄여 볼까 2
비법 써먹기

단계를 하나 줄여서 계산해 보세요.

❶ 43×47
= 2000 + 21 = 2021 ┈ 50×40+3×7

❷ 35×35
= 1200 + 25 = 1225

❸ 54×56
= 3000 + 24 = 3024

❹ 87×83
= 7200 + 21 = 7221

❺ 69×61
= 4200 + 9 = 4209

❻ 76×74
= 5600 + 24 = 5624

❼ 95×95
= 9000 + 25 = 9025

속도를 조금 높여 볼까요? 단계를 하나 줄여서 덧셈식으로 바로 나타내어 계산해요.

단계를 하나 줄여서 계산해 보세요.

❶ 24×26
= 600 + 24 = 624

❷ 33×37
= 1200 + 21 = 1221

❸ 42×48
= 2000 + 16 = 2016

❹ 59×51
= 3000 + 9 = 3009

❺ 75×75
= 5600 + 25 = 5625

❻ 82×88
= 7200 + 16 = 7216

❼ 66×64
= 4200 + 24 = 4224

❽ 97×93
= 9000 + 21 = 9021

34 99단 곱셈을 빠르게 풀자
비법 써먹기

단계를 줄여서 계산해 보세요.

❶ 28×22=600+16=616

❷ 41×49=2000+9=2009

❸ 36×34=1200+24=1224

❹ 53×57=3000+21=3021

❺ 69×61=4200+9=4209

❻ 42×48=2000+16=2016

❼ 74×76=5600+24=5624

❽ 87×83=7200+21=7221

❾ 92×98=9000+16=9016

빠른 셈의 원리를 알고 이용하면 사고력도 쑥쑥 커질 거예요.

단계를 줄여서 계산해 보세요.

❶ 37×33=1200+21=1221

❷ 59×51=3000+9=3009

❸ 25×25=600+25=625

❹ 46×44=2000+24=2024

❺ 78×72=5600+16=5616

❻ 55×55=3000+25=3025

❼ 82×88=7200+16=7216

❽ 67×63=4200+21=4221

❾ 93×97=9000+21=9021

❿ 84×86=7200+24=7224

35 비법 써먹기

계산이 쉬운 식으로 바꾸어 푸는 99단 곱셈

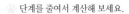

☆ 단계를 줄여서 계산해 보세요.

비법 써먹기~
마지막으로
쭉 정리해 봐요!

❶ $24 \times 26 = 600 + 24 = 624$

❷ $49 \times 41 = 2000 + 9 = 2009$

❸ $31 \times 39 = 1200 + 9 = 1209$

❹ $68 \times 62 = 4200 + 16 = 4216$

❺ $56 \times 54 = 3000 + 24 = 3024$

❻ $77 \times 73 = 5600 + 21 = 5621$

❼ $63 \times 67 = 4200 + 21 = 4221$

❽ $85 \times 85 = 7200 + 25 = 7225$

❾ $72 \times 78 = 5600 + 16 = 5616$

❿ $96 \times 94 = 9000 + 24 = 9024$

☆ 계산을 바르게 한 친구를 찾아 ○표 하세요.

❶

$35 \times 35 = 40 \times 10 + 5 \times 5$
$= 400 + 25$
$= 425$

$22 \times 28 = 30 \times 20 + 2 \times 8$
$= 600 + 16$
$= 616$

( ) (○)

$35 \times 35 = 40 \times 30 + 5 \times 5$
$= 1200 + 25 = 1225$

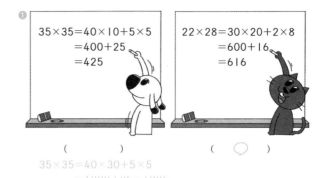

❷

$57 \times 53 = 3000 + 21$
$= 3021$

$91 \times 99 = 1000 + 9$
$= 1009$

단계를 하나 줄여서
계산해야지~

덧셈식으로
나타내면 쉽지~

(○) ( )

$91 \times 99 = 9000 + 9 = 9009$

---

36 비법의 완성

암산으로 답을 바로 써 볼까

이제 덧셈식으로 나타내는 과정도 한 단계 줄여 볼 거예요.
3초 만에 답이 나오는 빠른 셈에 도전해 봐요!

☆ 보기 와 같이 3초 계산법으로 풀어 보세요.

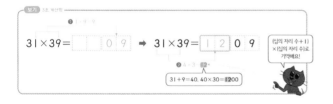

보기 3초 계산법

$31 \times 39 = \boxed{} 0 9$ ➡ $31 \times 39 = 1 2 0 9$

$1 \cdot 9 = 9$

$(십의 자리 수 +1) \times (십의 자리 수)로 기억해요!$

$4 \cdot 3 = 12$

$31 + 9 = 40, \ 40 \times 30 = 1200$

❶ $26 \times 24 = \boxed{6} \boxed{2} \boxed{4}$

$6 \cdot 4$

❷ (십의 자리 수 +1)×(십의 자리 수)
3×2

❷ $52 \times 58 = \boxed{3} \boxed{0} \boxed{1} \boxed{6}$

$2 \cdot 8$

❷ (십의 자리 수 +1)×(십의 자리 수)

❸ $47 \times 43 = \boxed{2} \boxed{0} \boxed{2} \boxed{1}$

$7 \cdot 3$

❷ (십의 자리 수 +1)×(십의 자리 수)

❹ $64 \times 66 = \boxed{4} \boxed{2} \boxed{2} \boxed{4}$

$4 \cdot 6$

❷ (십의 자리 수 +1)×(십의 자리 수)

❺ $95 \times 95 = \boxed{9} \boxed{0} \boxed{2} \boxed{5}$

$5 \cdot 5$

❷ (십의 자리 수 +1)×(십의 자리 수)
10×9

❻ $78 \times 72 = \boxed{5} \boxed{6} \boxed{1} \boxed{6}$

$8 \cdot 2$

❷ (십의 자리 수 +1)×(십의 자리 수)

☆ 3초 계산법으로 풀어 보세요.

$8 \cdot 2$

❶ $28 \times 22 = \boxed{6} \boxed{1} \boxed{6}$

$3 \cdot 2$

'십의 자리 수 2보다 1만큼
큰 수인 3'과 2의 곱!

❷ $44 \times 46 = \boxed{2} \boxed{0} \boxed{2} \boxed{4}$

❷

❸ $35 \times 35 = \boxed{1} \boxed{2} \boxed{2} \boxed{5}$

❷

❹ $59 \times 51 = \boxed{3} \boxed{0} \boxed{0} \boxed{9}$

❷

일의 자리 수끼리의 곱이
한 자리 수일 땐 앞에 0을 써요!

❺ $67 \times 63 = \boxed{4} \boxed{2} \boxed{2} \boxed{1}$

❷

❻ $82 \times 88 = \boxed{7} \boxed{2} \boxed{1} \boxed{6}$

❷

❼ $71 \times 79 = \boxed{5} \boxed{6} \boxed{0} \boxed{9}$

❷

❽ $96 \times 94 = \boxed{9} \boxed{0} \boxed{2} \boxed{4}$

❷

37 비법의 완성
세로셈도 암산으로 답을 바로 써 볼까

90~91쪽

☆ 보기 와 같이 3초 계산법으로 풀어 보세요.

❶
```
    2 5
  × 2 5
  ─────
  6 2 5
```

❷
```
    5 3
  × 5 7
  ─────
  3 0 2 1
```

❸
```
    3 6
  × 3 4
  ─────
  1 2 2 4
```

❹
```
    6 2
  × 6 8
  ─────
  4 2 1 6
```

❺
```
    8 7
  × 8 3
  ─────
  7 2 2 1
```

❻
```
    7 4
  × 7 6
  ─────
  5 6 2 4
```

이번에는 세로셈도 암산으로 답을 바로 써 볼 거예요.
암산하는 방법은 가로셈과 같으니 익숙해지도록 연습해 봐요.

☆ 3초 계산법으로 풀어 보세요.

❶
```
    3 7
  × 3 3
  ─────
  1 2 2 1
```
'십의 자리 수 3보다 1만큼
큰 수인 4'와 3의 곱!

❷
```
    2 2
  × 2 8
  ─────
  6 1 6
```

❸
```
    4 5
  × 4 5
  ─────
  2 0 2 5
```

❹
```
    7 9
  × 7 1
  ─────
  5 6 0 9
```

일의 자리 수끼리의
곱이 한 자리 수일 땐
앞에 0을 써요!

❺
```
    5 4
  × 5 6
  ─────
  3 0 2 4
```

❻
```
    6 3
  × 6 7
  ─────
  4 2 2 1
```

❼
```
    8 8
  × 8 2
  ─────
  7 2 1 6
```

❽
```
    9 1
  × 9 9
  ─────
  9 0 0 9
```

38 비법의 완성
답이 바로 나오는 99단 3초 계산법

92~93쪽

☆ 3초 계산법으로 풀어 보세요.

❶ 29×21 = 6 0 9

❷ 34×36 = 1 2 2 4

❸ 53×57 = 3 0 2 1

❹ 48×42 = 2 0 1 6

❺ 61×69 = 4 2 0 9

❻ 56×54 = 3 0 2 4

❼ 77×73 = 5 6 2 1

❽ 62×68 = 4 2 1 6

❾ 85×85 = 7 2 2 5

❿ 94×96 = 9 0 2 4

이제 99단 곱셈을 3초 만에 풀 수 있나요?
빠르게 집중해서 풀어 봐요!

☆ 3초 계산법으로 풀어 보세요.

❶
```
    2 3
  × 2 7
  ─────
  6 2 1
```

❷
```
    5 1
  × 5 9
  ─────
  3 0 0 9
```

❸
```
    3 9
  × 3 1
  ─────
  1 2 0 9
```

❹
```
    4 6
  × 4 4
  ─────
  2 0 2 4
```

❺
```
    6 8
  × 6 2
  ─────
  4 2 1 6
```

❻
```
    8 4
  × 8 6
  ─────
  7 2 2 4
```

❼
```
    9 7
  × 9 3
  ─────
  9 0 2 1
```

❽
```
    7 2
  × 7 8
  ─────
  5 6 1 6
```
3초 계산법 완성!
정말 대단해요!

118

19단 3초 곱셈 통과 문제 1

• 맞힌 개수:　　개
• 걸린 시간:　　초

🐾 다음 계산을 하세요.

❶ 11×16= 1 7 6

❷ 14×12= 1 6 8

❸ 13×15= 1 9 5

❹ 17×14= 2 3 8

❺ 16×17= 2 7 2

❻ 18×13= 2 3 4

❼　　1 2
　　× 1 3
　　1 5 6

❽　　1 5
　　× 1 4
　　2 1 0

❾　　1 9
　　× 1 5
　　2 8 5

❿　　1 6
　　× 1 9
　　3 0 4

3초 곱셈 통과 문제로 마무리해요~!

19단 3초 곱셈 통과 문제 2

• 맞힌 개수:　　개
• 걸린 시간:　　초

🐾 다음 계산을 하세요.

❶ 14×11= 1 5 4

❷ 13×13= 1 6 9

❸ 12×17= 2 0 4

❹ 16×15= 2 4 0

❺ 15×18= 2 7 0

❻ 19×12= 2 2 8

❼　　1 1
　　× 1 9
　　2 0 9

❽　　1 7
　　× 1 5
　　2 5 5

❾　　1 8
　　× 1 7
　　3 0 6

❿　　1 9
　　× 1 8
　　3 4 2

99단 3초 곱셈 통과 문제 1

• 맞힌 개수:　　개
• 걸린 시간:　　초

🐾 다음 계산을 하세요.

❶ 25×25= 6 2 5

❷ 39×31= 1 2 0 9

❸ 58×52= 3 0 1 6

❹ 63×67= 4 2 2 1

❺ 71×79= 5 6 0 9

❻ 96×94= 9 0 2 4

❼　　3 7
　　× 3 3
　　1 2 2 1

❽　　4 2
　　× 4 8
　　2 0 1 6

❾　　6 4
　　× 6 6
　　4 2 2 4

❿　　8 3
　　× 8 7
　　7 2 2 1

99단 3초 곱셈 통과 문제 2

• 맞힌 개수:　　　개
• 걸린 시간:　　　초

🐾 다음 계산을 하세요.

① $27 \times 23 =$ 621   ② $48 \times 42 =$ 2016

③ $51 \times 59 =$ 3009   ④ $74 \times 76 =$ 5624

⑤ $62 \times 68 =$ 4216   ⑥ $85 \times 85 =$ 7225

⑦
$$\begin{array}{r} 3\ 6 \\ \times\ 3\ 4 \\ \hline 1\ 2\ 2\ 4 \end{array}$$

⑧
$$\begin{array}{r} 6\ 9 \\ \times\ 6\ 1 \\ \hline 4\ 2\ 0\ 9 \end{array}$$

⑨
$$\begin{array}{r} 7\ 3 \\ \times\ 7\ 7 \\ \hline 5\ 6\ 2\ 1 \end{array}$$

⑩
$$\begin{array}{r} 9\ 5 \\ \times\ 9\ 5 \\ \hline 9\ 0\ 2\ 5 \end{array}$$

답이 바로 나오는
3초 계산법 완성~!